다시,
길 위에
서다

다시,
길 위에
서다

십 년을 넘게 방송 피디로 일하면서 창작의 쾌락을 만끽했지만, 그 대가로 내게 돌아온 것은 망가진 몸이었다. 어렵고 힘든 프로그램을 동시에 진행해야 하는 극한의 상황에 다다랐다. 밥도 제대로 못먹고 집에도 못 들어가고 소파에서 쪽잠 자야 하는 생활의 연속들로 더는 일을 할 수 없는 몸 상태가 되었다. 몸이 더는 버틸 수 없었다.

며칠을 고민하다 훌쩍 여행을 가자고 생각을 하고, 두 달에서 석 달 정도 다녀오자고 했다가 끝내 세계여행을 하자고 생각이 바뀌었다. 다른 나라에서도 내가 사는 방식으로 사는지가 궁금했고 그걸 확인하고 싶어서 안달이 났다. 한 달을 밤새우며 고민한 끝에 자전거 여행을 하기로 했고 접이식 미니벨로가 눈에 들어와 비싼 브랜드의 여행용 미니벨로를 선택했다.

미니벨로를 선택한 건 느린 여행을 하고 싶어서다. 차 타고 기차 타고 빠르게 다니다 보면 놓치고 지나가는 게 많을 테니 굼벵이 기어가는 속도로 차근차근 자전거로 다니고 싶었다. 여행하며 새로운 곳을 찾아가고 싶었다. 원피스의 루피가 새 세상을 찾아다니는 것처럼 모르는 곳을 파헤칠 요량이었다. 이제 새가 되어 날개를 펴고 훨훨 날아 다른 세상을 찾으러 가고 싶었다.

떠날 기회가 아무 때나 있는 것은 아니다. 지금이 아니면 기회는 다시 올 수 없을는지도 모른다. 드디어 기회가 온 것이다.

그렇게 방송 피디로 온 힘을 다해 열심히 일하다가 느닷없이 일을 그만두고 자전거 세계 여행을 시작했다. 2013년 4월 18일, 생일 다음 날 크루즈를 타고 중국 옌타이로 향하면서 여행은 시작되고 그렇게 시작된 세계여행은 522일 동안 중국, 티베트, 네팔, 무스탕, 인도, 조지아, 아르메니아, 터키, 불가리아, 마케도니아, 세르비아, 헝가리, 체코, 오스트리아, 폴란드, 리투아니아, 러시아 등 25개국을 거친 후 마무리 되었다.

다른 여행자들보다 특이한 건 한 곳에서 긴 시간을 보낸 것이다. 중국 옌타에서는 무려 15일을 머물렀고, 칭다오에서도 2주 이상을 머물렀다. 그곳을 완전히 알게 될 때까지는 그만큼의 시간이 필요했기 때문이다. 또한 자전거 여행자이지만 캠핑을 안 하는 이유는 여행자들을 만나는 게 더 좋아서다.

칭다오에서 시안으로 가 시안에서 오랜 시간을 숙소 여행자들과 보내고, 시안의 역사 흔적들을 둘러보며 이곳저곳을 돌아다니다 보니 벌써 5월 말에 다다랐다. 티베트 라싸를 향해 6월 초에 자전거로 달려 청두까지 가는 데 열흘이 걸렸고, 운 좋게 라싸로 가는 자전거 여행자들을 만나서 청두에서 차마고도 2,081km를 달려 자전거 여행에

목적지 라싸에 7월 9일에 도착했다. 라싸에서도 친구들과 보내는 시간과 유적지를 찾아다니는 시간으로 15일을 보내고, 3개월의 중국 비자가 만기 돼서 네팔로 넘어갔다.

라싸에서 하루 동안 이동해 7월 17일 네팔에 도착했는데 네팔에서는 무려 5개월이란 시간을 보냈다. 카트만두에서 교통사고가 나 치료를 받아야 했는데 나을 때까지 무려 두 달 반이라는 시간이 필요했다. 포카라로 넘어가 히말라야 안나푸르나 라운딩 코스를 자전거로 다니고, 금단의 땅, 은둔의 왕국 무스탕의 아주 작은 숨어있는 마을까지 다니다 보니 5개월 정도 시간이 흘렀다.

인도 여행을 시작한 건 12월 12일부터 다음 해인 2014년 1월 27까지 오랜 시간을 머물렀는데 큰 나라인 데다 많은 도시로 이동해야 했고, 도시마다 평균 2주 정도 머물렀다.

무척이나 궁금했던 아프리카 인도양의 섬나라 세이셸에 스리랑카를 거쳐서 비행기를 타고 가야 하는데 경유 시간이 너무 오래 걸려 2월 1일에 도착했고 마헤 섬과 프랄린 섬, 그리고 마헤 섬을 자전거로 돌아다니면서 2월 13일까지 머물렀다.

세이셸에서 조지아로 가는 것도 비행기 대기시간과 경유 시간이 무척 오래 걸려서 2월 15일에 조지아 수도 트빌리시에 도착했다. 조지아에서는 한 달 여행할 예정으로 시작된 여행이 늘어나 무려 6개월 동안이나 머물게 됐다. 모든 게 신비로워 모든 지역을 돌아다니다 보니 오래 걸렸고, 아르메니아와 분쟁국 압하지야 공화국까지 여행한

시간이다.

동유럽 일주를 하고 싶다는 생각에 7월 8일에 터키로 들어가 카파도키아에서 이스탄불까지 7일 정도 여행하고, 동유럽의 첫 나라 불가리아에서는 여러 도시를 다니면서 2주 정도를 머물렀다. 그 후 마케도니아부터 동유럽 다른 나라는 짧은 시간으로 거쳐 마지막으로 폴란드까지의 여행은 두 달 조금 더 돼서 8월에 25일에 마쳤다.

발트 3국 중 첫 번째 나라 리투아니아 여행을 시작해, 두 번째 나라 라트비아, 에스토니아까지는 9월 8일에 마쳤다.

마지막으로 9월 21일에 모스크바 여행을 한 후 7일간의 시베리아 횡단 열차를 타고, 블라디보스토크에 도착해 며칠을 지내다가 비행기를 타고 한국에 도착했다.

522일간 나는 세상 아름답고 값진 풍경, 소중한 인연들, 자연과 일상의 품으로 돌아가 원초적으로 다시 태어난 내 몸과 마음을 발견할 수 있었다. 참으로 아름답고 소중한 발견이었다.

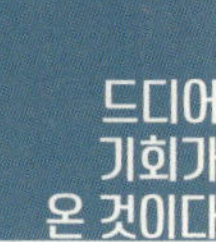

Contents

Stage01

내 맘대로, 내가 하고 싶은 대로
010

Stage02

여행이 내게 주는 선물
082

Stage04

하늘을 날고 싶었다
200

다시, 길 위에 서다

Stage01

내 맘대로,
내가 하고 싶은 대로

친구, 가깝게 오래 사귄 사람

대학 절친이 있다. 학창시절 각자 자취하는 집이 있어도 내가 자취하는 곳에서 매일 같이 지냈을 정도로 친한 친구, 죽이 잘 맞아서 과의 다른 애들보다 유난히 친했다. 사회생활이 시작되고도 한집에서 같이 자취한 적도 있다.
서로 아껴주고, 어렵고 힘들 때 도와주는 사이라서 여행의 시작은 가장 소중한 '친구'를 만나기로 했다.
친구를 만나러 인천여객터미널로 가 중국 옌타이로 가는 크루즈에 올랐다.

밤새 오랜만에 만나는 친구가 얼마나 변했을까 하는 상상과 궁금증으로 머릿속이 꽉 찼고, 여행이 어떻게 진행될지에 대한 상상에도 설렜다. 다음 날 점심때가 다 돼서야 크루즈는 옌타이 항에 도착했다.
반갑게 맞아주는 친구는 예전보다 얼굴이 많이 여위었다. 이미 들어서 알고는 있었지만, 쉬는 날도 없이 일하느라 예전보다 마른 게 좀 안타까웠다. 너무 바빠 휴가를 내기 힘드니까 부모님이 오신 거라 회사에 둘러대고 사흘 휴가를 받아 내게 시간을 내줬다.
할 얘기들이 너무나 많아 밤이 새는지도 모르게 이야기를 나누었고 옌타이 이곳저곳을 다니며 사흘을 같이 보냈다.
중국에 적응하기 위해 2주 동안 친구 집에 머문 후 본격적인 자전거 여행을 시작했다.

새로운 인연

옌타이에서 칭다오로 가다가 허리를 다쳐 예정보다 늦게 도착했고, 이틀 머물고 갈 예정이었는데 무려 2주를 머물게 됐다. 칭다오에 도착하자마자 허리가 어떤지 치료를 받아야 할 것 같아 병원을 찾아갔다. 의사가 내 이야기를 들어보더니 병원에서 치료받을 것까지는 필요 없다면서 메모지에 중국어 단어를 쓰고 약국 가서 보여 주면 줄 거라고 해서 약국으로 가 받은 건 찜질팩, 중국인들은 차를 마시기 때문에 숙소에도 뜨거운 물통이 비치되어 있어 그 물을 받아 찜질하기 시작했다.

맥주로 유명한 도시 칭다오, 독일의 침략으로 받은 선물?로 작은 유럽을 간직한 곳. 비록 침략을 받았지만, 그로 인해서 지금은 맥주와 유럽식 건물들로 많은 여행자의 명소가 되었다.

예약해놓은 숙소에 들어가니 중국 여행자로 가득 차 있다. 베이징 대학교에 다니는 춘펑이와 광둥에서 온 영재와 같은 방을 썼는데 보자마자 친구가 됐고, 음식을 먹으러 다니거나 매일 여행해야 할 곳을 같이 다녀서 좋았다.
춘펑이와 영재가 괜찮은 식당으로 데려가 칭다오에서만 마실 수 있는 칭다오 생맥주를 마셨다. 바다를 끼고 있는 칭다오는 해산물이 풍부해 맛있는 해산물 요리가 넘쳐나서 삼시 세끼를 칭다오 맥주와 해산물 요리로 일주일 동안이나 먹었다. 한국에서는 비싸서 쉽게 못 먹은 해산물 요리 한 접시가 우리 돈으로 2천 원이다.

TSINGTAO BEER
TSINGTAO BEER
TSINGTAO BEER
青島啤酒

다시, 길 위에 서다

작은 꽃, 샤오화

나이 차이가 크게 나도, 중국은 문화혁명 이후로 나이 상관없이 동등해져 모두 친구가 되었다고 한다. 칭다오에서 만난 여행자들과 많은 이야기를 나누며 알게 된 건 내 여행 계획이 잘못됐다는 거다. 먼저 중국을 여행한 여행자들이 간 경로로 가려고 했는데 그게 잘못된 거란 걸 알게 되었다. 여행을 떠나오기 전 짜놓은 계획들을 휴지통에 다 집어넣고 가고 싶은 곳을 찾아가는 것, 그게 진짜 내 여행 계획이 되었다.

춘핑이와 영재는 돌아가고 또 새로운 여행자들이 내가 묵는 방에 들어왔고, 한 여자 여행자가 눈에 띄었다. 이런저런 이야기를 나누다 보니 많이 친한 사이가 됐고, 영어 선생이라 대화가 더 잘 돼 숙소에서 많은 시간을 얘기하며 보냈다. 이름은 샤오화, 작은 꽃이라는 뜻이고 친근하고 성격까지 좋다.

이틀 동안 짧은 시간이지만 함께 하면서 우리는 묘한 감정까지 생겼고, 샤오화는 집으로 돌아가면서 남들에게는 알려주지 않은 전화번호 두 개를 내게 몰래 줬다. 칭다오에서 오래 머물다 보니 소중한 인연이 생겼다. 이제부터 특별한 관계가 됐으니 샤오화를 가슴에 품고 여행하기로 했다.

과거와 현재가 공존하는 곳 시안, 중국을 여행하고 있으니 중국 역사를 보고 공부하는 것도 여행자의 한 덕목이다. 가장 유명한 역사, 진시황의 과거가 몹시 궁금하기도 했고, 다른 도시보다 중국 모습이 그대로 남아 있는 이곳을 온 건 잘한 일이다.

기차로 시안에 도착해 밖으로 나오자마자 눈 앞에 펼쳐진 혼란스러운 풍경에 걱정스럽기도 했고 어떻게 여행해야 하냐는 생각도 들었다.

자전거로 예약해 놓은 숙소로 가는데 자전거에 펑크가 나서 우물쭈물하다가 붐비는 골목에서 고칠 수가 없어 다시 바람을 넣고 숙소로 출발했는데 다행히 숙소에 도착할 때까지는 바람이 남아 있는 거로 봐서는 아주 작은 펑크다.

숙소에 도착해 짐을 풀고 구글맵에서 '자이언트'를 검색해 펑크난 자전거를 수리하기 위해 그곳으로 갔다. 말이 안 통하는 곳, 손짓 발짓으로 간신히 펑크 났다고 설명했는데 펑크 수리는 다른 곳으로 가야 한다고 했다. 다행히 매장 여자 직원이 안내해서 조금 떨어진 시장통의 거리에서 자전거 고치는 아저씨를 찾을 수 있었다.

처음 보는 외국인을 위해 이곳까지 같이 와준 직원이 너무 고마웠다. 한국에서 지인들에게 들었던 중국 사람들은 질이 안 좋아서 상대하면 안 된다는 말이 잘못된 거라는 걸 알게 됐다.

내 맘대로, 내가 하고 싶은 대로

도미토리 숙소는 여행자로 가득 차 있었다. 스위스에서 온 커플은 2년째 세계 여행 중이고, 벨기에에서 온 남자 두 명은 10년 됐다는 말에 세상에는 나보다 더 대단한 여행자가 많다는 걸 알았다. 다양한 곳에서 온 여행자들과 어울려 숙소 1층의 파라솔에서 맥주 마시며 지금까지 한 여행 이야기를 나누다 보니 시간 가는 줄도 몰랐다.
재미있는 건 스위스에서 온 여행자 두 커플과 이야기하는데 한 커플은 이탈리아어, 다른 커플은 독일어 쓰는 곳에 살아서 서로 영어로 대화했다. 생각지도 못했는데 뜻밖에 재미있는 이야기가 시작됐다. 고등학교 선생님들 흉보는 이야기가 한 사람씩 돌아가며 진행됐고 나도 고등학교 선생님을 아주 세게 흉봤다.

친구도, 지인도, 가족도 혼자 여행하는 걸 많이 걱정해줬는데 걱정과 달리 오히려 혼자라서 더 좋은 여행을 하고 있고, 더 많은 사람을 만날 기회가 생겨서 지금 하는 여행이 무척 맘에 들었다.
가는 곳마다 친구를 만들고 있어서 내 인맥이 불어나고 있다는 게 정말 좋았다. 여행자하고 여행 얘기 나누면서 내가 모르던 걸 알 게 되고 서로 연락처도 주고받아서 그곳을 여행하면 연락해서 다시 볼 수도 있게 됐다.
두 명이나 세 명과 같이 여행했다면 이런 기회는 없었을 것 같다. 내 맘대로 내가 하고 싶은 대로 하는 여행은 너무나 잘 선택한 여행이다.

시안에서 가장 먼저 찾은 곳은 숙소에서 한참 걸어가면 있는 시장인데 도착하자마자 대륙의 향이 가득한 걸 느꼈다. 시장의 규모도 상상 그 이상으로 골목을 가득 채운 사람들도 구경거리고, 한국에서 보지 못한 다양한 음식들과 옷. 악기 액세서리까지 눈이 휘둥그레질 정도였다. 골목마다 대륙의 시장이 얼마나 대단한지를 알게 됐고 길거리의 음식을 먹어보며 그들의 좋아하는 게 이런 거라는 것도 느꼈다.

시장에서 느낄 수 있는 가장 중요한 부분이 이곳 사람들이 어떻게 살아가는지, 성향은 어떤지를 알게 된다는 거다. 서로 흥정하는 모습에서도 미소가 나오고 한참이 지나서야 해결되는 상황에서 그들의 취향도 보인다.

중학교 3학년 때 밤 기차를 타고 부산 자갈치 시장을 찾은 적이 있다. 방황을 많이 하는 시기라 내 주위의 사람이 아닌 다른 사람들이 어떻게 살아가는지 무척이나 궁금했고 그래서 찾은 시장은 모두가 분주함에 빠져 이리저리 움직이는 모습이 활기차 보였고 더 열심히 살아야겠다는 다짐을 했었다. 이곳에서도 같은 생각이 들었다.

인생을 잘 사는 방법

시안에서 빼놓을 수 없는 것, 진시황제의 역사 현장이 고스란히 남아있는 곳에 갔다.
엄청난 규모로 발굴된 병마용갱은 끝없이 늘어서 있고 정말 놀라운 건, 표정이 다 다르
다는 거다. 아마도 그때의 병사들 얼굴을 그대로 옮겨 놓은 듯하다. 엄청난 작업을 그
옛날에 진행했다는 게 숭고하기도 하지만, 수많은 사람이 작업을 끝내느라 엄청난 고
생을 했을 것이고 또 죽어 나갔을 거란 상상을 한다.
진시황은 영생을 위해 넓고 넓은 대륙으로 불로초 찾아 평생을 보낸 거로 유명한데 동
쪽 끝에서 서쪽 끝으로 수없이 돌아다니길 반복했다. 그 긴 시간 진시황보다 많은 수행
자가 죽을 만큼 힘들었고 짜증 났을 거다. 돌아다니다 결국 길에서 객사해 소금 절인
고등어 손수레에 실려 되돌아갔다는 이야기는 너무 욕심내면서 사는 것도 좋지 않다는
교훈을 준다.

직장생활 속에서는 시간적 여유를 누릴 수도 없고, 일에 치인 생활이 매일같이 반복되
는데 어디든 그렇듯이 경쟁사회에 주어지는 무거운 짐을 져야 한다는 게 슬픈 일이다.
남보다 더 좋은 프로그램을 만들어야 한다는 욕심으로 몸이 망가질 정도로 일하고, 그
것을 참아내야 한다는 게 정말 힘들고 고통스러웠다. 그래서 여행하자고 결정하고 떠
났는데 지금까지 만났던 여행자에게도 그렇게 살지 않는다는 이야기를 들었고 이곳에
서 보는 사람들도 우리처럼 힘들게 살지 않는다는 걸 봤다.
돈에 목숨 걸고 일하는 것처럼 사는 게 아니라 내가 좋아하는 걸 하고 여유롭게 사는
게 진짜 잘 사는 것이란 걸 여행하면서 알게 되었다. 여행은 내가 모르고 있는 질문에
대답을 해주는 묘약이다.

오래전 간직했던 꿈

올림픽 중계로 내가 맡은 프로그램이 중단돼서 긴 휴가를 받은 적이 있다. 그때 해외여행 갈까 생각하다가 문득 인터넷에서 자전거로 여행하는 사람들을 알게 되어 서울에서 땅끝마을 해남까지 자전거 여행을 하기로 했다. 자전거도 중학교 때까지만 탔는데 무작정 자전거를 사서 다음날 바로 출발했다. 짐을 챙긴다고 챙겼는데 제대로 챙겼는지도 모르는 상황이었고, 일어나보니 비가 엄청 쏟아져서 비가 그치기를 기다리다 오후에 출발해 도착한 곳이 화성이었다.

친구가 그곳에 살아 같이 저녁 먹고 이야기하고 헤어진 후 계속 아래로 내려갔다. 자전거를 잘 타는 여행자들은 땅끝마을까지 3일 만에 가기도 하는데 7일이 걸렸다. 그냥 달리기만 하는 게 아니라 내가 달리는 곳의 이곳저곳을 바라보고 느끼며 천천히 가는 여행을 선택해서다. 사진도 많이 찍게 되고 여유도 많이 누리게 되어 딱 맞는 여행이고, 땅끝마을까지 무사히 갈 수 있었다.

자전거 여행을 마치고 나니 다큐멘터리 '차마고도'가 떠올랐다. 자전거로 차마고도를 횡단하자는 꿈을 꾸었고 그걸 팀 동료들에게 얘기했더니 말도 안 되는 소리라고 했지만, 나는 그 꿈을 가슴 속 깊은 곳에 담아 두었다. 너무나 바쁜 일상을 사는 덕분에 그 꿈은 점점 잊혀졌지만, 잊혀 갈 뻔했던 그 꿈을 꺼내 다시 여행하게 됐다.

인터넷에서 검색을 하다 실망스러운 사실을 알게 되었다. 티베트 라싸에서 유혈사태가 일어나 지금 외국인에게는 티베트를 닫아놓은 것이다. 다만 라싸는 비행기와 기차로 들어갈 수 있게 허용했다는 걸 알고 기차를 타고 라싸를 가야겠다는 생각에 청두로 향했고 시골길을 달리는 일정이 계속됐다.

다시. 길 위에 서다

내 가슴이 너무 뭉클했어

샤오화와에게 문자로 어디로 가는지 계속 알려 주었는데 시안
에서 청두까지는 약 1,000km 거리라 한참 가야 한다고 전했고
샤오화도 메시지로 나를 많이 응원해줬다. 누군가가 있어서 내
가 힘을 더 낼 수 있다는 게 참 좋았다.

중국의 시골길을 자전거로 달리는 게 너무나 행복한 건 하루하
루 다른 풍경들을 볼 수 있어서다. 청두로 가던 어느 날, 점심
때가 되어 도착한 시골 마을 풍경은 무척 소담스러웠고 산에서
내려오는 물이 무척이나 깨끗해 보였다. 자전거를 세우고 그동
안 페달 밟느라 고생한 발을 위로한다고 계곡에 들어가 바위에
앉아 발을 담갔다. 무척이나 시원했고 피곤해 지쳐있던 발은
시원해졌다.

여행에서 만나는 사람들에게 선물로 캘리그라피 글을 써주기
위해 종이와 먹물, 붓을 가지고 다니는 데 발을 담그고 있으니
마침 샤오화가 떠올라서 붓을 물에 담가 바위에 I miss you 라
고 쓰고 샤오화에게 보냈더니 바로 너무너무 고맙고 샤오화도
내가 많이 보고 싶다며 답이 왔다. 많이 응원한다며 빅 스마일
아이콘까지 보내줬다.
그 위에 한문으로 쓰여진 문구가 있었는데 그 뜻이 뭔지 모르
고 있다가 여행 끝나고 귀국해서야 알았다. '그 사진을 받고 내
가슴이 너무 뭉클했어'라는 뜻이었다. 내가 샤오화를 특별하게
생각한 만큼 샤오화도 그랬던 거다. 아니 나보다 더 많이….
여행에서 정말 괜찮을 아이를 만나서 하루하루가 너무 행복하
다. 보고 싶지만, 이렇게 메시지 주고받으며 여행이 끝나면 샤
오화를 보러 가기로 하고 여행을 계속했다.

여행에서 만난 친구

500km를 달렸을까? 처음 생각했던 경로에서 벗어나 한중이라는 도시로 들어갔다. 인터넷 블로그에 그동안의 내 소식도 좀 전해야 해서 인터넷이 되는 곳을 찾는데 몇 군데를 다녀봐도 인터넷 되는 곳이 없어 늦은 밤이 돼서야 할 수 없이 호텔로 갔다. 짐 풀고 나서 늦은 저녁을 먹고 들어와 빨래하고 인터넷 좀 하다보니, 새벽 2시가 넘어서야 잠이 들었고 다음 날 늦게 일어났다.

호텔에서 아침을 늦게 먹고 정오쯤 되어 출발하다가 자전거에서 이상한 소리가 나서 확인하니 기어에 짐받이가 걸려 소리가 났고, 기어가 끝까지 들어가지 않았다. 짐받이를 원래대로 바꾸고 있는데 두 명의 중국 자전거 여행자가 내 앞에 서서 무슨 일이냐고 물었다. 한국에서 중국을 여행하는데 자전거에 문제가 있다고 했고, 어디로 갈 거냐고 물어봐서 청두로 간다고 했더니 그들도 청두 가니까 같이 가자고 했다. 청두에서 어디로 갈거냐고 물어봐 라싸 간다니까 그럼 라싸까지도 우리와 같이 가잔다.

어떻게 이런 일이 있을까? 상상도 못했던 일이 벌어졌고, 기차 타고 가려던 라싸를 자전거로 갈 수 있을지도 모른다는 상상을 했다. 보험회사 자동차 사고 처리반에서 일하는 샤오빙, 컴퓨터 프로그래머 상하이는 일만 하는 게 너무 따분해서 차마고도를 자전거 여행으로 시작했다고 한다. 둘 다 생활 영어를 알아서 얘기하는 데 문제가 없을 것 같아서 좋다.

둘은 먼저 앞에서 출발하고 그 뒤를 따라가면 되는 거다. 함께라서 좋은 건 달리다가 과수원에 들러 작은 수박 한 덩이를 사 나눠 먹는 재미도 있고, 혼자 할 수 없는 일을 하게 돼서 좋았다. 같이 밥 먹고 숙소 잡아서 자고, 혼자 하던 걸 다 친구들이 하니까 나는 가만히 있어도 되는 상황이고, 숙소도 내가 묵었던 곳보다 아주 저렴한 곳을 찾아냈다. 내가 먹던 것보다 더 맛있는 음식들을 먹게 된다는 게 참 좋았다. 자전거로 청두로 가다가 샤오빙이 다리를 다쳐 버스로 가야 했다.

터미널에 도착해 광둥에서 온 여자 자전거 여행자 웨이안과 합류해서, 3일을 청두에 머물며 차마도고 여행에 필요한 것들을 준비했다. 자전거로 차마고도를 달려야 하니까 자전거 매장도 찾아가서 정비도 충분히 받았다.

다음 날 라싸로 향하는데 도로에서 신호를 기다리던 두 명이 우리와 같이 가기로 했고, 이름은 샤오펑과 우펑인데 대학 친구고 방학 동안 평생 기억될 추억을 만든단다. 더 든든해진 느낌이다. 일행이 많아질수록 더 안전하게 다닐 수 있어 차마고도 자전거 여행이 더욱더 수월할 것 같다.

친구들이 늘어나면서 좋았던 건 밥 먹을 때 요리 종류가 사람 수대로 많아져서 전보다 더 많은 요리를 먹으며 다양한 맛을 즐길 수 있게 됐다. 출장으로 중국을 7번이나 왔었지만 고급 음식은 먹기 힘들어 한국식당에서 먹었는데, 친구들과 여행하면서 먹는 음식은 내 입맛에 딱 맞고 다 맛있어서 밥 먹는 재미까지 생겼다.

모두가 자전거를 처음 타는 거라 잘 타는 친구는 앞서고 못 타는 친구는 뒤에서 일렬로 도로를 달린다. 어느 정도 시간이 되면 멈춰 서서 휴식을 취하고 챙겨 온 간식과 물과 음료수를 마시는데 중국 친구들은 다 차를 마셔서 차와 텀블러를 가지고 다닌다. 뜨거운 물은 어디에서나 쉽게 구할 수 있으니까 달리다가 길갓집에 들어가 뜨거운 물을 얻는 건 너무나 당연한 일이었다. 나도 물과 음료수를 챙겨서 다녔다.

다시, 길 위에 서다

开放
迎新春
生意兴隆

야안, 티베트의 향이 나는 도시

야안이란 도시에 도착했는데 이곳부터 동티베트가 시작되는 곳이다. 한문과 티베트어가 간판에 같이 쓰여 있고 사람들의 얼굴에서 티베트인 모습이 배어 있다. 길의 고도는 점점 높아지고 여름인데도 먼 산꼭대기에는 눈이 덮여 있었는데 못 보던 풍경이라 신기하기만 하다.

어느새 고도 3,000m가 넘는 도시에 도착했고, 고산병에 적응해야 해서 하루를 더 머물러야 한다고 했다. 40년을 살면서 3,000m 넘는 곳을 올라온 건 정말 처음이고 모든 게 새롭다.

하루 쉬고 4,000m 위의 고산을 올라가야 하는 데 아니나 다를까 머리가 너무 아파지기 시작해서 밥 먹은 후 챙겨 온 고산병약을 먹기 시작했다. 생전 처음 4,000m를 올라가는 일은 무척이나 힘들었고, 자전거도 걸어가는 속도보다 더 느려졌다. 발에 힘을 세게 주어야 그나마 페달이 돌아갔고 달리다 쉬다 반복하면서 올라가야 그나마 산 정상을 간신히 오를 수 있었다.

같이 가는 친구들은 성능 좋은 MTB 자전거로 오르는데 나는 20인치 휠의 접이식 미니 벨로라서 가파른 길을 오를 때는 내가 많이 뒤처졌다. 먼저 산 정상에 오른 친구들이 쉬면서 내가 도착할 때까지 기다려 주는데, 같이 다니는 일행이 흩어지면 안 돼서 누군가 뒤처지면 기다렸다 다시 출발한다. 함께 여행하는 거라 모든 게 안전하고 많은 도움을 받는다. 우리 팀의 홍일점 웨이안도 높은 산을 오를 때는 뒤처질 때가 많지만 기다리고 있으면 당차게 도착한다.

처음 보는 천국 같은 세상

4,290m의 저뒈산을 오를 때 정말 힘들어서 속으로 계속 엄마를 부르게 되는데 '엄마 올라가게 도와줘'를 속으로 계속해서 반복한다. 얼마나 힘들면 엄마를 찾을까? 그렇게라도 해야 그나마 높은 오르막을 오를 수 있으니 앞으로도 엄마 찾을 일이 많을 듯하다.

정상에 올라서서 눈에 들어온 풍경은, 태어나서 처음 보는 고산의 풍경은, 경이롭고 웅장하다. 마치 다른 세상 속으로 들어온 것 같은 느낌이라서 이곳이 천국이 아닐까 하는 착각도 든다. 나무 한 그루조차 허락하지 않는 이곳에는 작은 잡초만 자생하고 야크들이 잡초를 먹는 모습도 한없이 평화로워 보인다.

힘들지만, 차마고도 자전거 여행이 정말 행복한 건 나를 품고 있는 풍경들이 너무나 아름답고 경이롭다는 것이다. 그래서 힘들어도 참을만하다.

꿈이었던 것이 현실로 이루어지고 있는 것 같아 한결 발걸음이 가벼워진다. 매일 새로운 풍경이 내 눈 앞에 펼쳐지는 황홀함은 뭐라 표현할 수 없다. 그것을 지금 몸과 마음으로 느끼고 숨 쉬며 마시고 있다. 세계의 지붕 히말라야, 마치 신들이 사는 듯한 차마고도 고원. 때 묻지 않은 깨끗하고 청결한 이곳은 시간이 멈춰진 듯 수천 년 전 모습 그대로 고스란히 남아있는 곳이다. 가슴 속에 들어있던 썩어버린 때가 이곳에서 서서히 정화되는 것 같기도 하다. 짜증 내던 것들도 다 바람에 실려 날아가는 듯한 신비로운 감정은 생전 느껴보지 못한 감정이고, 그동안 받아보지 못한 큰 선물을 하늘이 내게 주고 있는 것만 같다.

다시, 길 위에 서다

보고 싶은 샤오화

샤오화, 매일 생각나는 아이다.
차마고도 여행은 만만치 않게 고달픈 여정의 반복이다. 마을에서 산과 산으로 연결된
산맥 고개를 서너 개 넘고 넘어 다시 아랫마을로 내려가는 걸 반복하고, 저녁이 돼서
힘든 몸으로 저녁 먹고 잠드는 일상이지만, 참을 수 있는 건 샤오화의 예쁜 얼굴이 매
일 매일 그려져서다.
가끔 메신저로 연락하면서 내 여행을 이야기해주면 정말 좋아한다. 샤오화와 오래오래
갈 거라는 걸 믿는다.

네가 많이 보고 싶은 오늘이다.

티베트 국경도시 바탕에 도착했다. 며칠 전부터 티베트 국경을 넘은 여행자가 없다는 정보를 듣고, 나의 차마고도 여행의 마지막도 이곳이겠다는 생각이 들었다. 리탕에서 무려 180km를 폭우 속에서 달려 도착했는데, 온몸이 지쳐 자야 하는데, 잠이 오지 않아 밤을 새워버렸다.

티베트 국경 검문소를 넘어갈 수 없다는 생각에 샤오빙이 일어나자마자 여기에서 돌아가야 할 것 같다고 말했더니 국경까지는 가 보자고 나를 설득했다. 이곳에서 국경 검문소까지는 38km, 국경 구경이라도 하고 돌아가자는 마음에 진사 강으로 다 같이 출발했다.

오늘따라 친구들이 무슨 이유에선지 나보다 더 빨리 달리기 시작한다. 나는 오늘이 마지막이라서 하나라도 더 담기 위해 천천히 달리며 사진촬영에 신경을 썼다. 진사 강에 도착해보니 친구들이 둘러앉아 뭔가를 모색하고 있었다.

진사 강 중간에서 기념사진을 찍고 이곳까지 온 것도 생전 겪어보지 못했던 경험이고 너희들과 함께해서 가능한 거였다. 정말 행복했고 평생 간직하고도 남을 추억을 담았으니 친구들에게 돌아간다고 말하는데 샤오빙은 검문소까지만이라도 가 보자고 해서 다 같이 검문소로 향하는데 9명의 친구가 검문소의 창문과 문을 가리고 샤오빙은 친구들의 신분증을 다 걷어 들어가면서 나 보고 먼저 가라고 작게 손짓했다.

끔찍한 상상이 그려졌다. 가다가 공안이 그냥 가는 걸 보고 나를 잡으러 오면 나뿐만 아니라 친구들까지 다 공안으로 호송되는 건 당연한 일인데 두려움에 발이 떨어지지 않아 출발을 안 하고 있으니까 계속 내게 손짓했다. 하는 수 없이 떨리는 몸으로 간신히 자전거를 타고 검문소를 지나 커브 길을 지나 내가 안 보이는 곳에서 자전거를 세웠다. 진사 강 다리 앞에서 나를 기다리며 이 위험한 작전을 짜 국경을 넘게 해준 것이다. 고작 만난 지 15일밖에 안 되는 친구들이 일을 저질렀다.

친구들이 나를 위해 모험을 했다는 생각에, 나도 모르게 눈물이 펑펑 쏟아진다. 태어나서 이런 사람을 만났다는 건 하늘의 신이 도와주지 않고는 일어날 수 없는 일이다. 여행하면서 이런 기적적인 경험을 할 거란 건 꿈에도 몰랐는데 모든 게 감사하고 평생 잊지 못할 인연을 만났다. 친구들은 다 같이 내가 기다리고 있는 곳에 도착해 만세를 부르며 환호성을 질러댔다. 안 울려고 하는데 눈물이 계속 흐른다.

생각지 못한 애매한 상황

일행이 세 명 더 합류해 어느새 9명이 되었고, 차마고도 여행도 중반을 넘어 조금만 더 가면 티베트 국경이 나올 것이다. 신두차오잰이란 마을에서 이틀을 머물기로 했다. 차마고도를 오르락내리락하다 보니 일주일에 이틀을 머물며 쉬어야 몸 상태가 제대로 돌아오고 다음 여정을 준비할 수 있는 여유가 생긴다.

숙소마다 한 방에 침대가 여러 개가 있을 때가 있고 두 개 있는 방이 있을 때가 있는데 오늘 도착한 숙소는 한 방에 침대가 두 개라 샤오빙과 방을 쓰기로 했다. 잠시 후 상하이가 방에 들어와서 웨이안이 나와 방을 같이 쓰고 싶다고 전했다. 이곳까지 오면서 뒤처지는 웨이안을 계속 기다려주고 챙겨 주어서 그런가 보다.
웨이안은 내가 마음에 들었는지 며칠 전에는 산에 올라가 꽃을 따와 꽃다발도 만들어 주었다. 고맙게 받기는 했지만, 계속 가지고 다니는 건 힘드니까 숙소에 놓고 가면 여행자들에 좋을 것 같아서 놓고 가자고 핑계를 댔다.

오늘 나와 방을 같이 쓰고 싶다는 건 웨이안이 나를 많이 좋아한다는 의미였고, 그런데 참 어려운 게 같이 여행하는 친구들의 눈치도 있고 웨이안이랑 한방을 쓴다는 것도 오해를 받을 수 있는 일이기도 했다. 더군다나 내게는 샤오화가 있어 웨이안하고 친해지는 건 아닌 것 같아서 같이 방을 쓰지 않겠다고 했더니 웨이안은 우리 팀에서 빠져 다른 여행자들에게 가 버렸다. 내 대답에 아주 속상했을 것 같은데 어쩔 수가 없다. 그렇게밖에 할 수 없는 상황이란 걸 이해해 줬으면 좋겠다는 바람이다.

다시, 길 위에 서다

다시, 길 위에 서다

친구

중국 공안은 허가증과 가이드 없이 티베트를 들어오는 외국인을 차단하기 위해 아침, 저녁으로 도시 끝 양쪽 검문소에서 두 번이나 검색을 진행하였다. 그것뿐만 아니라 외국인이 숙소에 묵으면, 주인은 공안에 신고하게 되어 있었다. 친구들은 티베트 국경을 넘었던 것처럼 아침저녁으로 검문소를 통과시켜주고, 매번 숙소의 주인을 설득해 머물 수 있게 해주었다. 매일 천국 같은 풍경에 빠져 달리다 지옥 같은 상황을 견디는 일을 반복했다.

말은 못 하지만 늘 미안한 마음만 가득하다. 아무 말 없이 위험한 상황에서 나를 라싸로 데리고 가는 친구들이 있다는 건 친구들의 마음이 다 하나라서 가능한 것이다. 그리고 왠지 누가 나를 돕고 있는 듯한 느낌도 들었다.

그나마 다행인 건, 계속 시골 마을이 이어졌고 조금은 수월하게 라싸로 갈 수 있어서 마음이 편해졌다. 다시 큰 도시가 나오면 또 힘든 여정이 반복될 것 같은 생각이 들어 한시도 긴장을 풀 수 없는 여행을 지속했다.

새로운 문명을 만드는 길

히말라야 고원을 따라 실크로드보다 200년 앞서 이어진 차마고도. 이런 험준한 곳에 길을 낼 생각을 했던 오래전 사람들이 정말 위대해 보인다. 지금은 포장도로와 비포장도로가 반반이고 차량이 운행할 수 있을 정도가 됐는데 오래전에는 사람과 말 정도만 다닐 수 있는 험한 길이었다.

차가 필요했던 티베트와 좋은말이 필요했던 중국과의 교역으로 시작한 차마고도는 점점 교역물이 다양해지면서 지금은 생활에 필요한 수많은 물건과 각국의 문화와 서적까지 교류하는 곳으로 발전했다.

차마고도의 끝 얼마 안 되는 곳에서 시작되는 실크로드를 따라 유럽으로의 교역도 오래전부터 시작됐다는 흔적을 알 수 있다.

세계에서 가장 먼저 금속활자로 찍어낸 직지심체요절. 청주 흥덕사라는 절에서 세계 최초의 금속활자 인쇄 기술을 만들어내고 그 기술은 오래전 차마고도를 거쳐 실크로드로 넘어 독일 구텐베르크로 넘어가 구텐베르크가 금속활자 인쇄술을 알게 된 거다.

당시 유럽은 손으로 글을 써 책을 만들어서 소수의 사람만 책을 소유했는데 구텐베르크는 우리가 전한 금속활자 인쇄 기술을 받아들여 대량의 책을 만들게 되고 수많은 책이 인쇄되면서 많은 사람이 책을 읽으며 지식이 늘어나고 그로 인해 유럽의 르네상스가 시작됐다. 만들고 싶은 다큐멘터리 소재이기도 하다.

길 위에서 삶을 배운다

마라톤에서 가장 중요한 것이 페이스다. 페이스가 흐트러지면 기록에 엄청난 영향을 미치기 때문에 선수들은 대회를 앞두고 페이스페이커와 함께 페이스를 유지하는 연습에 최선을 다한다.

영화 '리틀러너'에서 14살 말썽꾸러기 랄프는 혼수상태의 엄마가 기적이 일어나면 깨어날 것이라 믿는다. 그러던 중 우연히 학교 육상부원들이 코치에게 '너희가 보스턴 마라톤에서 우승한다면 그건 기적이다'라며 꾸중하는 걸 보고는 아픈 엄마를 위해 보스턴마라톤에 출전하기로 한다. 다른 육상부원들보다 더 힘들게 연습하지만 실력은 따라와 주지 않는다. 랄프를 지켜보던 예전 최고의 마라토너였던 히버트 신부가 조건 하나를 지키면, 코치를 해주겠다는 약속을 하며 페이스를 지키는 거라 말했다. 랄프는 페이스를 지키는 연습을 반복하고 그 후 보스턴 마라톤 대회에서 기적처럼 2위를 차지한다.

고원의 차마고도를 달리는 자전거 여행은 힘들지 않은 날이 없다. 나는 특히 달리는 게 더 힘들고 다른 친구들보다 빨리 지칠 때도 잦다. 마흔 살인 내가 20대 여행자들보다 체력도 약하고 자전거도 작아서 힘들다고 생각했는데 답은 다른 곳에 있었다. 페이스를 찾으면서 문제를 알게 됐고, 오랜 시간을 달려야 하는데 애들 따라간다고 욕심부려 무리하게 힘을 쓰다 보니 페이스가 무너진 것이 가장 큰 문제였다. 다른 친구들의 페이스를 의식하며 달려 더 힘들고 지쳤던 거라 내 페이스로 달리니까 이젠 덜 힘들고 지치는 일도 줄었다.

우리의 삶도 마라톤에 비유한다. 인생의 마라톤에서 각자의 페이스를 지키며 사는지 돌아보면 그렇지 않다. 늘 옆 사람을 제치기 위해 더 안간힘을 쓰다 그나마 있는 힘도 다 빠진 채 뒤처져 후회하고 있는 건 아닐까? 처음에는 뒤쪽에서 달리던 마라톤 선수가 후반이 되어 조금씩 선두로 나서 결승선을 제일 먼저 통과하듯이 사는 것도 다른 사람들 신경 쓰지 않고 자신의 페이스를 지켜나간다면, 그 후에 남들보다 더 좋은 결과가 나올 수도 있는데 매 순간 뒤처져 사는 건 아니냐는 착각에 페이스를 잃고 숨 가쁘게 달리고 있다. 지금 앞서가는 것만이 남들보다 나은 삶을 사는 거라 말할 수는 없다. 뒤처지는 것이 낙오하는 것 같고 실패하는 것처럼 보이지만, 삶의 결승선은 한참이나 남아 있고 내 페이스대로 힘들이지 않고 가장 편하게 달리다 보면 상대방을 따라잡기도 하고 훨씬 앞서서 달리기도 할 거다. 길 위에서 자전거를 통해 삶을 배운다.

다시, 길 위에 서다

행복의 의미를 아는 사람들

세계의 지붕 티베트, 세상 한가운데 요새처럼 우뚝 솟은 곳, 가장 높고 가장 고립된 나라. 그러나 가장 순수하고 순결한 사람들이 사는 곳,

티베트는 아주 오래전 시간이 멈춰 있는 듯한 곳이다. 살아있는 모든 생물체를 전생의 어머니라고 생각하고 전생, 다음 생이 있다고 믿어 지금 사는 세상에 구애받지 않는다.
누구와도 경쟁할 마음이 없는 사람들이라서 어떤 방식으로건 자신의 야망을 실현하기 위해 안달하는 우리와 달리 그런 자아를 버리려 노력하는 것이 그들의 보편적 사고방식이다.

꿈속에서나 볼 수 있는 아름다운 자연을 가진 티베트는 값으로 환산할 수 없을 만큼 많은 천연자원과 희귀 광물이 땅속에 묻혀있다. 다른 사람들이 하루라도 빨리 티베트에 들어가 그것들을 캐내어 돈으로 만들고 싶어 안달하지만, 한없이 순결한 티베트인들은 그걸 캐내 좋은 차를 사고, 큰 집을 짓고, 맛있는 음식을 먹는 것보다 아름다운 자연 그대로 놓아두고 싶어 하는 사람들이다. 그게 행복과는 상관없는 일이라는 걸 알고 살아가는 사람들이다.

눈물이 계속 흘렀다

감마산 고개를 넘어 눈에 들어온 내리막길을 보고 있으면 경이롭기만 하다.
'어떻게 이런 곳에 저런 길을 만들었을까?'
내리막을 내려가는 건 롤러코스터를 타는 것보다 훨씬 강도 높은 놀이기구를 타는 느낌이고 속도가 빨라져 감탄사가 멈추질 않는 묘미가 있다. 수많은 순례자가 오체투지를 하며 4,658m의 고개를 올라 이 길로 내려갔을 텐데 지그재그로 되어있어, 영어명으로는 Zigzag Mountain Road라 불린다. 정상에서 해발 2,600m에 있는 마을로 가야 해서 자전거로 굽이굽이 내려가야 하는데 어디서 이런 경험을 할 수 있을까? 내가 하고 있다는 것에 뭐라 표현할 수 없을 만큼의 큰 감동이 배어 있다. 휠 20인치 미니벨로는 신이 나서 28인치 MTB를 따라잡으면서 시속 64Km로 달려 내려간다.
감마산 고개 정상에 올라갈 때 저기 보이는 곳이 정상이겠지 하며 있는 힘을 다해 오르면 보이지 않던 정상이 기다렸다는 듯이 또 나오는 게 반복된다. 그렇게 힘들게 오른 정상에서 끝없는 내리막을 달리는데 또 다른 새로운 내리막이 계속 끊이지 않고 나온다. 내리막길에서 자전거를 세울 수밖에 없었다. 사진으로만, 다큐멘터리에서만 봤던 오체투지 순례자가 내 눈에 들어왔고 가장 높은 고원의 신들이 허락해야 올 수 있는 이 곳에서 정성을 다해 신에게 기도하며 오체투지를 하고 있었다. 힘들수록 더 신에게 가까이 갈 수 있다는 믿음이 확고해서 더 힘든 길을 택해 성소 라싸에 다다르면, 자신의 죄가 정화된다고 믿는다.
나도 모르게 눈물이 펑펑 쏟아지기 시작했다. 내가 가는 길이 제일 힘들다고 생각했는데, 누군가는 나보다 더 힘들게 가고 있다는 게, 너무나 숭고한 일이라서 내 의지와 상관없이 눈물이 계속 흘렀다. 나는 얼마나 더 힘들어야 낡아 버린 내 영혼이 깨끗하게 정화될 수 있는 걸까? 한참을 떠나지 못했다.

다시, 길 위에 서다

다시, 길 위에 서다

희망을 찾아가는 여행

길을 헤매고 있던 현실을 벗어나
새로운 희망을 찾는 여행이다.

내가 살던 곳을 떠나
자전거를 타고 달리며 바라본 세상은
너무나도 컸고, 내가 만난 곳은
믿기 어려울 정도의 아름다운 고원이었다.
본 적 없는 도로, 꿈만 같은 풍경,
하늘이 전시된 미술관의 그림들은
닳아 버린 내 영혼이 치료될 것 같았다.

여정이 나를 힘들게 해도
물러서거나 포기하지 않았고
하늘에 닿아 있는 듯한
고개를 매일 넘었다.

이 길을 자전거로 달리고 있는 게
믿기지 않는다고 해도 사실이다.

다시, 길 위에 서다

쉽지 않은 동행

매일 4,000m 이상의 고원을 오르락내리락 반복해 넘는 것만이 라싸로 가는 자전거 여행의 힘든 점은 아니다. 그것보다 더 견디기 힘든 것들이 있다. 티베트 여행을 같이하는 친구들 속에서 내가 받아들여야 할 그들의 문화와 생활 방식이다.

오기 전까지는 모르던 중국의 문화는 쉽게 받아들여지지 않았는데 그것을 다 참고 이겨내야 하는 일도 무척 중요했다. 그것조차 참아내지 못한다면 중국 친구들과 함께 라싸로 가는 것은 불가능하다.

중국 친구들의 흡연율은 엄청나다. 나와 함께하는 중국 친구들은 모두 담배를 피운다. 우리 팀 홍일점인 송리까지 중국 친구들은 언제 어디든 담배와 함께한다. 흡연할 때 남 의식을 전혀 하지 않고, 장소도 가리지 않고, 담배를 피우지 않는 사람을 의식하지도 않는다.

아버지가 아이를 안고 담배를 피우는 것조차 보편적인 일이다. 그 장면은 정말 충격이었다. 담배를 피우지 않는다고 그렇게 사양을 해도 자꾸 반복해 권한다. 마지못해 피워야 하는 상황까지 오는데 계속 거절하면 애매해질 수 있는 상황이 될 수도 있어서다.

숙소의 작은 방에 3층 침대로 9명이 잘 수 있게 만들어진 숙소는 정말 처음이다. 기차도 아니고 고개도 못 들 정도로 좁아서 숨이 막힐 것 같은데 나를 빼고 모두가 침대에 누운 채 담배를 피워대고 담뱃재는 바닥에 떨어내면 그만이고, 바닥에 가래침도 뱉는다. 심지어 창문도 안 열고 모두 담배 연기를 뿜어댄다. 예상치 못했던 쉽지만은 않은 동행 길이다.

다시, 길 위에 서다

참 고마운 일

도착한 곳은 라싸와 인접한 도시 중 가장 큰 도시다. 또다시 검문의 문제가 날 힘들고 두려움에 빠지게 했다. 샤오빙은 하루 먼저 이곳에 도착한 친구와 통화한 후 새벽 두 시에 경찰들이 숙소 검문을 해 이곳에서는 머물 곳이 없단다. 이전 마을까지는 시골 마을이라서 검문이 없었는데 다시 큰 문제에 부닥쳤다. 그렇다고 피할 방법이 뚜렷하게 있는 것도 아니다.

다 같이 식당으로 가 저녁을 먹는 데 무슨 말을 하는지 알 수는 없지만 감은 온다. 너무 위험해서 더는 나랑 같이 여행을 할 수 없다는 친구들도 생겼다. 이곳까지 데리고 온 것도 정말 고마운데 나 때문에 스트레스와 두려움과 공포가 왜 없었을까.
이미 티베트 국경 안이라서 혼자 돌아갈 수도 없고, 차라리 라싸로 가다 검문소에 걸려 공안으로 후송되는 선택을 하고 다음날 아침 혼자 출발한다고 하자 처음 만나서 이곳까지 온 샤오빙과 상하이가 우리는 하나니까 끝까지 하나라며 너랑 라싸까지 가겠다고 했다. 정말 뭉클했다. 천사 같은 녀석들을 만나서 나와 같이 가지 않는 일행은 이곳에서 하루를 더 머물고 출발하고 샤오빙, 상하이와 함께 먼저 아침에 출발하기로 했다.

머물 숙소가 없어 우선 여행 도중 친해진 배낭여행자 빠위에와 피시방에서 밤을 새우기로 하고 함께 그곳에서 쪽잠을 잤다. 참 고마운 일이다.

다시, 길 위에 서다

아침 샤오빙, 상하이와 함께 출발하는데 샤오펑과 우펑도 나와 함께 가겠다고 해서 두 명에게 정말 고맙다고 했다. 네 명이 나와 같이 출발하고 다른 친구들은 나보다 빨리 달려 다음 도시에 도착했는데 내가 머물 숙소가 없다고 했다. 상하이가 여기저기 전화해서 다 사정해 봤는데 외국인은 절대 재울 수 없다는 얘기를 해서 어떻게 해야 하나 걱정하고 있는데 또 다른 배낭여행자 샤오빙이 버스로 이동하면서 우리와 계속 맞춰가는데 친구들보다 더 일찍 도착해 현지인 집을 찾아 놨다고 했다.

친구들은 모두 예약한 숙소에 들어갔고 혼자서 현지인 집에서 자고 있는데 새벽 두 시쯤 주인이 술 먹고 문을 계속 두드려서 무서웠다. 샤오빙에게 전화해 지금 주인이 난리 쳐서 무서우니까 이곳으로 와달라고 부탁하고 주인을 다른 곳으로 내쫓고 샤오빙이 나랑 같이 있게 해 주었다. 매번 도움을 받아서 고마운데 말을 못한다.

이틀 연속 선잠을 자서 처진 몸을 일으켜 다음 목적지로 가는데 몸이 힘들어서 친구들과 거의 한 시간 정도를 뒤처져 가게 됐고 한참을 더 달려 도착한 곳은 다행히 시골이고 숙소 주인을 설득해서 머물 수 있었다.

함께하는 친구들과 방에서 잘 준비를 하고 있는데 가끔 길에서 마주친 어르신이 문을 열고 들어와서 메모지 하나를 건넸다. 자신은 두 번째 차마고도 여행인데 내일은 라싸 갈 방법이 없다면서 너는 나의 조카고 신상과 주소를 한문으로 썼으니 다 외워야 하고

언어 장애인이 되어야 한다고 했다. 그 한문을 안 보고 쓸 때까지 쓰는 걸 반복하고 나서야 잠이 들었는데 다음 날 아침 이상한 일이 벌어졌다.

기적 같은 하루

7시에 일어나 출발하려는데 뒷바퀴가 펑크다. 어떻게 이런 일이 있을 수 있는지, 답답하지만 그냥 있을 수가 없어 물에 튜브를 담가 펑크 난 곳을 찾아내서 수리하고 다시 출발하려는 데 바퀴에서 바람이 빠진다. 다시 튜브를 물에 담그니 세상에 열 군데가 넘게 펑크가 났다. 어제까지 멀쩡하던 자전거에 왜 이런 일이 일어났는지 모르겠다.

상하이에게 전화가 왔는데 숙소 300m 앞 검문소에서 일대일로 검문을 해 넘을 수 없을 거라는 이야기를 들었다. 히치하이크 기다리던 배낭여행자 샤오빙은 어제 같은 방에서 어르신이 한 말을 기억하고 그 대역을 할 테니 같이 가자고 했지만, 샤오빙에게 문제가 생길 수 있을 것 같아 먼저 출발시켰다.

가다가 잡히면 라싸 공안국으로 후송되면 된다는 생각을 하고 11시가 다 돼서야 출발했는데 상하이가 얘기했던 검문소를 지나는데 아무도 나오지 않아 운 좋게 통과했다.

차마고도에서 가장 높은 해발 5,013m 미라산 고개를 넘어 180km를 달려야 했다. 모두 아침 일찍 7시에 출발했지만 오늘 도착할 수 없을 것 같았다. 나 또한 최대한 빠르게 달리는데 검문소가 눈에 들어왔고 여기서 걸리면 바로 공안으로 후송될 거라 걱정이 말이 아니었다. 검문소로 가니 버스에서 내려 검문받는 사람들이 너무 많아 신경 쓸 여지가 없는 것 같아 운좋게 그냥 지나쳤다.

다음 검문소에 도착해서는 이제는 정말 내가 돌아가야 겠다는 심정이 들었다. 정복을 입은 공안이 내게 신분증을 요구해 가방 안의 여권을 꺼내려는 찰라, 공안은 검문소가 아닌 길로 지나가는 승려를 보고 그에게로 갔고 사복을 입은 사람이 나를 검문했다. 인상이 공안은 아닌 듯하고 일이 많아 오늘 하루 파견 나온 것으로 보였고 신분증을 요구해서 하는 수 없이 여권을 보여줬더니 웃으면서 한국인이네요 하고는 여권을 돌려주고 보냈다.

기적처럼 넘을 수 없는 검문소를 통과하고 라싸로 가는데 해가 질 때까지 아무 일도 없다가 밤이 되면서 폭우가 쏟아지기 시작했다. 폭우는 비옷을 뚫고 들어와 옷과 몸이 다 젖어버렸고, 거센 빗방울을 맞으며 달리는데 도로 위에는 10cm 정도 물이 차 달리는 것조차 고통스러웠다. 하필 이때 자전거 전등 배터리가 다 돼서 지나가는 차량 불빛에 의존해 달릴 수밖에 없는 상황이었다. 이러다가 사고 나면 죽을 수도 있겠다는 생각이 나를 두려움 속으로 자꾸 밀고 갔다.

마을이 나오면 어떻게든 부탁하고 머물러야 하는데 한참을 달려도 마을은 보이지 않았고 그나마 몇 채 있는 마을에 도착했는데 불이 다 꺼져 있었다. 두려움은 계속 나를 괴롭히고 어떻게든 갈 수 있는 곳까지는 가야겠다는 심정으로 한참을 달렸다. 얼마나 달렸는지는 기억나지 않지만, 저 멀리 불빛 하나가 작게 비치고 있어 비에 흠뻑 젖은 몸으로 가 사정을 이야기하니 다행히 그곳에서 묵을 수 있게 됐다. 젖은 옷을 갈아입고 컵라면 하나로 오늘 하루 끼니를 때웠다. 여행은 언제나 좋을 때와 좋지 않을 때가 있다. 기적처럼 죽다가 살아난 날이다.

간절히 바라던 꿈

아침에 일어나 밖을 보니 나를 잡아먹을 듯 포악했던 어젯
밤의 폭우는 사라지고 새파란 하늘이 나를 반겨주었다. 라
싸로 출발하는데 사원 하나가 보여 들어가 보니 티베트인
들이 사원에 쓰일 촛불 준비에 여념이 없었다.
한 분이 나를 보더니 반갑게 맞아주고는 텐 차와 티베트
빵을 챙겨주며 먹으라고 해서 아침을 해결할 수 있었다. 이
곳을 찾아온 이방인에게도 도움을 주는 티베트인의 선하
고 순결한 모습이다.

구글맵으로 보니 라싸까지는 38km 거리다. 한참을 달리니
저 멀리 라싸 풍경이 보였다. 그렇게 바라던 내 꿈이 이루
어진 것이다. 나도 모르게 눈물이 흘렀다.

시내로 들어가 어제 도착한 샤오빙에게 전화를 걸고 다시
만나서 친구들이 묵고 있는 숙소로 갔다. 샤오빙이 도착했
을 때 숙소 주인을 설득해 내가 묵을 수 있게 해 놓아 그곳
에서 며칠을 머물 수 있었다.

다시, 길 위에 서다

라싸, 홍산 기슭에 지어진 웅장한 포탈라 궁을 보며 많은 생각이 들었다. 중국 정부는 티베트와 전쟁을 선포한 후 5,000개가 넘는 사원을 파괴하고, 150만 명이 넘는 승려를 학살하는 사악한 일을 저질렀다. 달라이라마는 살생은 안 된다는 이유로 피해를 감수하더라도 인도 다람살라로 가 임시 정부를 세우고 그곳에서 독립운동을 하고 있다.

화려한 문양과 디자인으로 지어진 포탈라 궁은 주인 없는 텅 빈 곳이 되었고, 여행자들의 관광지로 전락해 있어 무척 안타까웠다.

포탈라 궁을 돌아보고 조캉 사원으로 향했다. 이곳은 시안에서 가져온 석가모니 상을 간직하기 위해 지은 곳이라고 한다. 건물 내부에는 화려한 벽화로 가득했고 석가모니 상도 있는데 우리나라 절에서 보는 부처상과 똑같다.

조캉 사원은 먼 곳에서 부터 오체투지를 하며 도착하는 종착지 역할을 한다. 많은 오체투지 순례자가 사원 입구에서 며칠 동안 기도를 드리는 풍경은 마냥 경이롭고 존경스럽기만 하다.

외국인이 자전거로 올 수 없는 곳인데 중국 친구들의 도움으로 꿈에 그리던 이곳까지 왔다. 생각지도 못했던 많은 경험을 했고 몇 번의 기적 같은 일도 있었다. 차마고도 자전거 여행은 내게 많은 것을 선물해 준 여행이다. 내가 다른 사람으로 변하고 있고 용서할 수 없다고 생각했던 것들이 용서됐다. 나를 품어준 차마고도 여행.

다시, 길 위에 서다

Stage02

여행이
내게 주는 선물

불가능할 것만 같았던 네팔행

샤오빙과 라싸 기차역으로 가 시안으로 돌아가는 기차표를 예매했다. 이제 숨어서 다니던 일이 끝났다는 기쁨도 있었고, 시안으로 돌아가면 샤오화를 만날 수 있다는 생각에 기뻤다. 돌아갈 준비를 하고 있는데 상하이가 나와 인도 여행을 하고 싶다고 애걸복걸했고 한참을 어떻게 해야 할 지 고민을 하다가 이곳까지 올 수 있게 도와준 친구라서 거절하지 못 하고 같이 인도여행을 가기로 했다.

샤오화에게 전화를 걸어 네팔로 가야 하는 상황이 생겼다고 하니 '왜 네팔을 가느냐'며 전화를 끊어버렸다. 속상했나 보다. 하면 안 되는 걸 알면서도 누가 부탁하면 거절하지 못해서 손해 보며 살았는데 그런 성격이 지금도 나왔다. 시안으로 갔어야 하는데, 네팔로 가는 게 잘못된 건데, 친구의 부탁으로 결정을 바꾸는 바보 같은 짓을 또 했다.

네팔로 가면서도 계속 후회가 밀려왔다. 상하이는 자전거로 네팔로 가는 걸 선택했고, 나는 친구들이 알아봐 준 봉고차를 타고 국경으로 가는 길을 택했다.

새벽 6시에 중국 여자 여행자들과 네팔로 향했다. 금세 여행 이야기로 우리는 친구가 됐고 연락처도 서로 주고받고 차 안에서 계속 대화를 했다. 수많은 검문소가 나왔고 운전기사가 내려가서 확인받으면 되는 방식이었는데 어느새 제법 규모가 큰 검문소에 도착했다. 검문소 공안이 차 문을 열고 신분증을 요구하는데 할 수 없이 여권을 내밀었는데 여권을 보더니 내리라고 해서 차 안은 침묵이 흘렀다.

검문소로 가야 하는데 영어 통역이 필요해 영어 능숙한 탕리와 함께 들어갔다. 검문소장 사무실로 들어가 면담이 시작됐고, 어떻게 외국인이 여기까지 올 수 있었냐고 물어봐서 아무것도 모르는 것처럼 대답했다. 티베트라는 곳을 알게 되어 자전거로 여행했고, 중국 비자가 하루 남아 네팔로 넘어가야 해서 스페셜 허가증과 가이드가 있어야 하는지는 몰랐다고 새빨간 거짓말을 했다. 그 내용을 탕리는 더 설득력있게 검문소장에게 중국어로 통역해 주었고, 검문소장은 창가로 가 담배 한 대를 길게 피며 생각에 잠겼다. 규정에 의하면 엄청난 벌금을 내고 라싸 공안국으로 후송되어야 한다. 인터넷에서 허가 없이 시도했던 여행자들이 벌금 내고 다 후송됐다는 글을 봤다.

담배가 끝까지 타들어 가고 나서 검문소장은 공안을 불렀다. 탕리에게 중국어로 무언가를 얘기했고, 탕리는 내게 네팔로 넘어가는 걸 허락하고 그 후 모든 검문소에 연락해 통과시키라고 했단다.

차 안에서는 여행자들이 만세를 부르며 박수를 쳐 주었다. 오늘 아침 만난 여행자들인데 내가 네팔로 갈 수 있다는 걸 알고 축하해 준다. 정말 계속해서 좋은 사람들이 내 곁에 있다는 게 믿기지 않았지만, 기적 같은 일이 또 일어났다. 중국에서 만난 여행자들은 다 천사였다. 나는 허가증 없이 네팔로 가는 육로이동에 성공한 행운의 여행자다.

아시아에서 가장 가난한 나라 네팔

아시아에서 가장 가난한 나라 네팔,
가난해도 행복하게 사는 사람들이다.
일이 없어 속상한 것도 없고,
있는 대로 만족하면 그만이다.
카트만두 더르바르 광장에는
다양한 사람들을 볼 수 있다.
누구는 바쁘고, 누구는 할 일 없어서 멍하고,
세계에서 가장 아름다운 비경
히말라야의 가장 높은 봉우리 8개를 간직하고도
가난을 면치 못하는 나라, 욕심이 없어서다.
스트레스도 없고 모두가 평화로운 생활을 한다.
짜증 내거나 화내는 것도 본 적이 없는
평온한 사람들이 사는 나라.

힌두교 사원 화장터 파슈파티나트엘 갔다.
강을 끼고 있는 화장터로 매일같이 화장이 진행되는데
독특한 건, 아래쪽에서 위쪽으로 화장의 규모가 확연히 다르다.
부유층은 강가 위쪽에서 화려하게 진행되지만,
아래쪽으로 갈수록 초라하고 하객도 별로 없다.
돈의 논리가 사람이 죽을 때도 적용된다.
물론 우리도 그렇긴 하지만.
화장되는 풍경은 너무 사실적이다.

다시, 길 위에 서다

파슈파티나트 사원에서 돌아오는 길에 머릿속은 온통 화장터의 생생한 풍경으로 가득 차 있었다. 무의식적으로 빠르게 자전거를 달리다가 앞차가 급정거하는 바람에 자전거가 한 바퀴 돌며 자빠졌다. 네팔리들은 구경난 듯 쳐다보기만 하는데 다행히 택시기사가 서서 나를 태우고 병원으로 데려갔다.

응급실로 가 엑스레이를 찍었더니 너무 흐려서 잘 보이지는 않지만, 오른쪽 빗장뼈가 금이 간 상태, 대사관에 전화해서 사고가 났는데 짐이 많아서 혼자 귀국을 못 하니 도와 달라고 했더니 온다고 해놓고 오지 않는다. 많은 나라를 다녀봤지만, 우리나라 대사관처럼 국민 신경 안 쓰는 나라는 없다.

아는 형한테 전화해서 전문의 의견 좀 받아달라고 했더니 자연치료 하란다. 병원에선 내 오른쪽 어깨에 고정 장치를 설치해주고 보냈다. 오른쪽 손을 못 써서 호텔에 누워서 끼니때마다 밥을 방에 가져다주면 왼손으로 간신히 먹었다.

네팔에 도착한 상하이는 와서 하는 말이 인도와 정치적 문제로 중국인은 인도를 들어갈 수 없다는 말을 했다. 중국 애들과 같이 다닐 때도 정보가 다 달라서 고생했는데 가야 할 나라 정보도 안 찾아보고 네팔로 넘어온 걸 보면 정말 답답할 때가 있다. 그러고는 혼자서 태국으로 떠나버렸다.

밖에도 못 나가고 호텔 방에서 밥만 먹다 몸이 좀 나아져서 휴양도시 포카라로 향했다. 비행기 타고 가야 하는데 지랄 맞게 200km를 8시간 걸리는 버스로 갔다.

아름다운 휴양도시 포카라

포카라는 시내에서 보이는 히말라야 안나푸르나 설산이 무척 예쁘고, 예쁜 폐화 호수가 있는 훌륭한 휴양도시다.

포카라에 도착하자마자 제일 먼저 큰 병원으로 가 다시 진찰을 받았는데 선명한 엑스레이 필름으로 다시 보니 뼈가 부러져서 3cm나 어긋나 있었다. 병원은 정말 큰 병원을 가야 하는 게 맞다. 지인을 통해 알게 된 선교사님이 도와주신다고 해서 비행기 타고 카트만두로 가 선교사님과 국제병원의 외국 의료진에게 진단을 받았다. 전문 산악인들의 사고를 담당하는 병원이라 믿음이 가서 진료를 받았는데 수술이 필요할 것 같다고 해서 선교사님하고 접수하러 갔더니 신청받는 간호사가 자기 어깨뼈를 보여주며 수술 안 하고도 나아서 수술 안 해도 된단다. 선교사님이 자연치료 권해서 그렇게 하기로 하고 한 3개월 정도 쉬기로 했다. 포카라로 돌아가 장기 휴식에 들어갔다.

아무래도 회복이 빨리 되려면 한국 음식을 먹어야 해서 매일 한국 식당을 찾았다. 아직 오른손이 불편해 왼손으로 밥을 먹는 데 여간 불편한 것이 아니었다. 하루 대부분을 한국 식당에 머물며 많은 한국 여행자를 만났다. 한국 여자 여행자들이 트래킹하러 포카라로 많이 오는데 친해져 매일 같이 밥 먹고 여행 이야기하며 지내다 보니 전혀 심심하지 않았고 귀국해서도 만나는 사이가 되었다.

휴식 시간이 길어지다 보니 알게 되는 사람도 많아지고, 보물섬이라는 홍대 스타일의 한국식당도 알게 됐는데 음식들이 너무 맛있어서 저녁에는 매일 가게 되었다. 포카라는 여행하는 게 아니라 마치 포카라 사람처럼 지낸 것 같다.

히말라야 안나푸르나

매일 같이 안나푸르나 설경을 보다 보니 저곳을 가보자는 생각이 들었다. 아직은 어깨가 완치되지 않아 갈 수 없지만, 완치되는 대로 안나푸르나 라운딩 코스를 올라가기로 했다. 안나푸르나 트래킹 코스는 다양한 루트가 있어서 가야 할 곳을 선택할 수 있다. 포카라에서 가는 푼힐 코스와 안나푸르나 등반할 때 베이스캠프 역할을 하는 ABC코스, 안나푸르나 산군 둘레를 도는 가장 긴 코스로 해발 5,416m 정상까지 초롱라패스를 넘어 한 바퀴 도는 라운딩 코스가 있다.
안나푸르나를 자전거로 가기 위해 몸 상태를 체크하고 워밍업을 시작하며 사랑곶이라는 약 1,000m 높이 산자락을 올랐다. 그곳을 매일 오르락내리락하며 그동안 못 탔던 자전거에 적응했다.

안나푸르나 지도를 펴서 경로 확인하고, 매일 어디에서 머물러야 하는지 마을도 확인하고, 노트북은 가져가면 안 될 것 같아 그날그날 기록할 노트와 볼펜을 챙겼다. 침낭과 점퍼도 하나 새로 사고 안나푸르나 트래킹에 꼭 필요한 허가증을 챙기고, 다음 날 아침 일찍 자전거로 포카라 터미널로 가 버스를 타고 라운딩 코스를 시작하는 마을 베시사하르에 도착했다.

차에서 내려 접혀있던 자전거를 펴 놓는 걸 보고는 외국 여행자들이 정말 신기하게 쳐다보며 이 자전거로 안나푸르나를 올라갈 거냐고 물어봐서 그렇다고 했더니 놀랬다. 15일 동안의 안나푸르나 라운딩 코스 너무 설렌다.

Bro-Sis
Hotel &
Guest

행복하게 산다는 것은

베시사하르부터 자전거로 안나푸르나를 올라가기 시작했다. 초반이라
길은 완만해서 어렵지 않게 자전거로 달릴 수 있었다. 처음 보는 새롭
고 아름다운 풍경이 가는 곳마다 펼쳐져 몸이 힘들 틈도 없다.
히말라야의 높고 깊은 산 속으로 들어가다 보니 주변이 다 고산이라 해
가 일찍 저문다. 오후 5시가 되면 어두워진다. 오후 3시쯤 마을 숙소에
도착해 샤워하고 빨래를 마치고 나면 방 침대에 누워 오늘 달렸던 여정
도 뒤돌아보고 올라오면서 보고 느낀 것들과 이곳까지 오면서 한 생각
들을 노트에 정리하고 내일 할 것들을 챙기는 여유는 달콤한 꿀맛이다.
하고 싶은 걸 할 수 있고, 가보고 싶던 곳을 찾아다니며, 새로운 것들을
만나고, 자연과 대화하고 있는 여행은 지금까지 느끼지 못했던 행복이
다. 행복이 무언지를 깨달아 간다. 그리고 어떻게 살아야 하는지도 알
것 같다.

여행을 떠나기 전에는 오후 5시가 내게는 아침일 수도 있고 점심일 때
도 있었다. 일정이 시시각각으로 바뀌어 제시간에 맞춰 생활하는 건 불
가능했고, 프로그램이 몇 부작이 되면 밤샘의 연속이 지속하고, 편집실
소파에 누워 잠을 자는 경우도 빈번했다. 방송 날 맞춰 해야 할 일들이
너무나 많아 한 달 동안 집에 며칠 못 가게 될 때도 있었다.
오늘이 며칠인지 무슨 요일인지도 모르게 시간은 흘러가고, 일주일이
넘어서야 이만큼이 지났다는 걸 자각한다. 주말도, 휴일도 없이 매일
일에 파묻혀 허우적대며 살아서 이미 친구들과는 약속을 잡을 상황도
안 되고, 집 행사조차 참석 못 하는 불효자가 돼버렸다. 피디라서 그럴
수밖에 없다. 그나마 힘들게 만든 프로그램의 반응이 좋으면, 그걸로
위로받는 게 전부였다.

엄마

안나푸르나를 오르다 보면, 피상 지역에서 위로 가는 어퍼피상 Upper Pisang과 아래로 가는 러워피상 Lower Pisang 두 갈래로 나뉜다. 여행자가 걸어서 다니는 어퍼피상은 길이 좁고 험하고, 러워피상은 차 한 대는 지나갈 수 있어 그 길을 택했다. 오르막도 완만하고 평지도 길게 펼쳐져 자전거로 가는 게 어렵지 않았다.

한참을 달리다 보니 작은 마을이 눈에 들어왔고 가까이 가보니 마침 때가 추수철이라 집 안 큰 마당에서 탈곡을 하고 있었다. 기계가 없으니 모든 걸 수작업으로 해야 해서 한쪽에서는 작대기로 줄기를 내려치면서 달린 알맹이를 떨어뜨리는 작업을 하고, 어머니들은 예전 우리 시골에서 했던 방식과 똑같이 바구니에 담아 아래로 쏟아내며 좋은 알맹이와 못 쓰는 알맹이 구분 작업을 하고 있었다.

엄마는 일하느라 정신이 없어 아이를 봐줄 상황이 안 되는데 아이는 엄마 곁에서 혼자 잘 논다.

아이의 모습에서 내 어릴 적 기억이 떠올랐다. 엄마가 바쁘게 일하고 있으면 뭣 좀 해 달라며 투정부리고 했던 못된 아이였고, 무서운 방황의 연속인 사춘기 때에도 엄마를 무척이나 힘들게 했던 나쁜 막내다. 머리가 크고 나서 엄마한테 잘 못 한 게 많다는 걸 깨달았다. 사회생활을 시작하고는 엄마랑 같이 못 먹어본 음식도 같이 먹고, 괜찮은 옷 하나 없어서 젊은 여자들이 입는 정장 스타일의 옷도 사드렸다. 당신밖에 모르는 아버지와 천사 같은 엄마는 7남매를 키우느라 고생을 엄청나게 했다. 심지어 아버지도 엄마가 키워놓은 것 같다. 모든 걸 참아내면서….

어느 날, 도서관에서 공부를 마치고 자취방으로 돌아와 보니 책상 위에 메모가 한 장 놓여 있었다. "엄마 돌아가셨어. 얼른 집으로 와" 충격이었고, 정신을 못 차렸다. 슬프고 안타깝고 미안해서 그 후로 아무것도 손에 안 잡혔다. 엄마가 없다는 걸 받아들이지 못했다. 무언가 궁금하면 엄마한테 물어봐야 한다는 착각도 했다.

지금까지 여행하는 동안 일어났던 라싸로 가는 여행자를 만난 것도 수많은 어려움을 이겨낸 것도 될 수 없는 기적 같은 일들이 일어난 것도 모두 하늘에 있는 엄마가 막내 걱정이 돼서 나를 도와주고 있는 거다.

사랑스러운 히말라야

안나푸르나 라운딩 코스 여행자 중에 한국인은 나뿐이었다. 내가 타고 온 작은 자전거를 보고는 믿기지 않는 표정으로 손을 치켜들며 존경스럽다는 말과 응원한다는 말, 성공하라는 말까지 해 주는데 그런 말 들으면 정말 고맙고, 힘도 더 나는 것 같고, 이런 여행을 하는 내가 자랑스럽다.

오르막이 높아지며 부서진 길, 산에서 내려오는 물 때문에 냇가로 변한 길, 자전거를 들고 가거나 밀고 올라가야 하는 위험한 코스가 시작된다. 욕심내지 말고 차근차근 천천히 가는 게 답이다.

조심히 자전거에서 내려서 갈 때도 있다. 길 폭이 1m도 안 되는데 눈이 녹아 질퍽한 길을 달린다는 건 위험해 끌고 갈 수밖에 없다. 오르막 경사가 50도가 넘는 곳도 있는데 길이 지그재그로 좁게 나 있어 자전거를 메고 올라간다.

그래도 지금의 고통스러움을 이겨낼 수 있는 건 황홀할 정도로 멋지게 펼쳐진 풍경이 있어서다. 어디에서도 보지 못한 수천 년을 간직한 자연의 알몸을 보고 있는 감동이 넘쳐난다. 아주 오래전 히말라야는 깊은 바닷속이었다. 헤아릴 수 없는 수많은 시간을 거치면서 손톱만큼 아주 느리게 세계에서 가장 높은 봉우리로 치솟았다.

끝없는 산맥이 이어지는 히말라야는 신들이 살고 있을 것만 같은 분위기고 거대한 자연 앞에서 나는 고작 먼지 같은 존재다.

'네팔에 왜 왔을까' 하는 후회는 히말라야를 자전거로 다니면서 뒤집혀 졌다. 광활하고 험준한 대자연 속을 누비며 느끼는, 입이 다물어지지 않는 황홀한 기분이 찾아오고 큰 선물을 받고 있다는 것이 나를 행복하게 만든다.

카트만두에서 일어난 사고는 아마도 나를 이곳으로 인도하기 위해, 내가 히말라야에 반해 사랑하게 될 때까지 기다릴 수 있는 시간을 준 것만 같다. 사랑하고 싶을 정도로 아름다움을 지닌 히말라야.

초롱라 패디, 해발 4,545m

길이라는 게 믿기지 않은 정도의 급한 오르막길이 앞에 놓여있는데 말 타고 올라가는 사람들을 보고 있자니 부럽기만 하고, '자전거로 저 길을 어떻게 올라가지' 하는 생각만 계속 든다. 어쨌든 오늘 해발 4,545m에 있는 초롱라 패디까지 꼭 도착해야 그곳에서 잠도 자고 밥도 먹을 수 있어서, 어떻게든 오를 수밖에 없는 상황이라 개울가를 건너 오르막을 오르기 시작했다.

경사가 너무나 급해 끌거나 밀고 올라갈 수 없는 상황이라 자전거를 들고 올라가는데 10m 오르고 쉬기를 반복해야 할 정도로 급경사다. 난생 처음 티베트 차마고도 여행에서도 겪어보지 못한 도전을 하는 내가 좀 안쓰럽다. 그런데도 희망이 생기는 건 차마고도 보다 높고 험한 길을 오르면 눈물이 펑펑 쏟아질 것 같은 아름다운 곳에 갈 수 있다는 믿음이 있어서다.

힘들고 어려워도 가야만 한다는 생각이 앞섰다. 경사가 급한 산 중턱에 있는 좁은 길로 어떻게 걸어가나 싶었다. 길옆은 낭떠러지라 까딱하다가는 미끄러져 목숨이 달아날 만큼 위험한 곳이다. 조바심으로 가득한 채 조심조심 올라 초롱라 패디에 도착했다. 오늘 여정은 다른 날보다 더 힘들었다. 다만 그래도 내가 뭔가를 계속해내고 있는 것 같아서 힘든 것도 금방 잊게 된다. 그게 히말라야를 오르는 매력인가 보다.

마지막 코스 초롱라 패스, 해발 5,416m 안나푸르나의 가장 높은 곳을 오르기 위해 기다리는 전초 기지라고나 할까? 초롱라 패디 게스트하우스에 어렵게 도착했는데 숙소 스태프가 방이 꽉 찼다고 해서 눈이 둥그레졌다. 어떡하나 싶은데 저 한쪽에는 건물 공간에 짐을 푼 일행도 있다. 다행히 스태프는 혼자서 쓸 방은 없지만, 다른 여행자와 인원수가 맞으면 방이 있다는 말을 했고 두 시간을 넘게 기다려 스위스에서 온 어르신 부부와 3배드 방에 들어갔다. 어르신 부부가 이곳까지 올라온 것도 대단한데 어떻게 히말라야를 여행할 생각을 했냐고 물어봤더니 세계에서 가장 높은 곳이고, 스위스도 높은 설산이 있어 이곳이 오고 싶어서 왔다고 했다. 정말 대단한 어르신 부부와 한방을 쓰게 돼서 마냥 좋았다.

Thorong-La Pass (5416 m.)
Congratulation for your Success !!!
We hope to see you again !
Thank you for not climbing or sitting
on the wall of this structure.
Please help us by keeping this place clean
Tourism Managemen
Sub-committee
Manang

다시, 길 위에 서다

용서

숙소에서 새벽 5시에 아침을 먹고, 6시에 초롱라 패스로 출발하는데 산의 경사가 마치 벽 같았다. 어제 도착했을 때는 구름으로 덮여 몰랐는데 여기를 또 자전거 들고 어떻게 올라가나 한참을 서서 보다 한숨만 팍팍 나왔다. 먼저 출발한 여행자들을 보니 역시 지그재그로 올라가야 갈 수 있어서 나도 자전거에 끈을 매 어깨에 메고 그들처럼 올라갔다. 오늘도 역시 30m 올라가고 5분 쉬었다 올라가기를 반복해야 했다.

4,545m에서 5,416m 약 천 미터의 고도를 올라야 하니 급경사로 되어 있는 거다. 험준하다 못해 여기 올라오지 말라고 히말라야가 말하는 것 같고, 끝까지 올라갈 수 있을지 걱정이 앞선다.

차근차근 오르다 쉬다를 반복하며 보는 풍경은, 구름이 가득하고 안개가 자욱했는데 오히려 그 풍경이 아름답고 정겨웠다. 산안개가 고원의 산자락을 덮고 있는 모습은 정말 장관이었다.

헉헉대며 간신히 올라 드디어 가장 높은 해발 5,416m 초롱라 패스에 도착했을 때, 나도 모르게 감동의 눈물이 흘렀다. 작은 접이식 미니벨로로 히말라야 안나푸르나 초롱라 패스에 도착한 여행자가 됐다.

이 높은 곳에서 차 한 잔을 마시며 많은 생각을 했다. 직장은 나를 너무 힘들게 했고, 몸이 다 망가져 과로사로 죽을지도 모른다는 생각마저 들었었다. 더 버티다가는 내가 이 세상에서 사라질 것 같았던, 너무나 혹독했던 시간을 용서하기로 했다.

이제 그만 무거운 것들을 이곳에 내려놓고 평화를 찾으라고….
히말라야가 말해 주는 것 같았다.

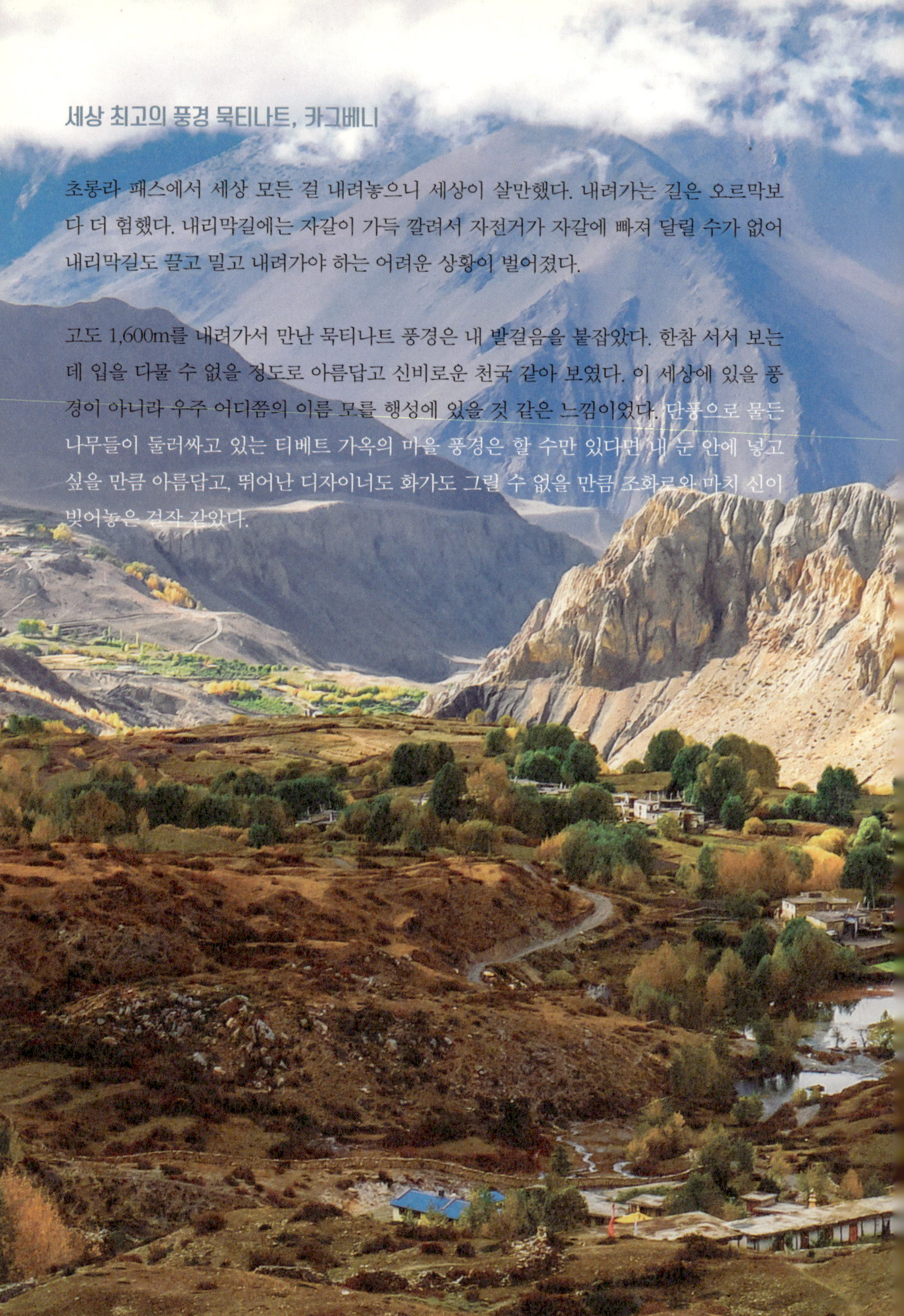

세상 최고의 풍경 묵티나트, 카그베니

초롱라 패스에서 세상 모든 걸 내려놓으니 세상이 살만했다. 내려가는 길은 오르막보다 더 험했다. 내리막길에는 자갈이 가득 깔려서 자전거가 자갈에 빠져 달릴 수가 없어 내리막길도 끌고 밀고 내려가야 하는 어려운 상황이 벌어졌다.

고도 1,600m를 내려가서 만난 묵티나트 풍경은 내 발걸음을 붙잡았다. 한참 서서 보는데 입을 다물 수 없을 정도로 아름답고 신비로운 천국 같아 보였다. 이 세상에 있을 풍경이 아니라 우주 어디쯤의 이름 모를 행성에 있을 것 같은 느낌이었다. 단풍으로 물든 나무들이 둘러싸고 있는 티베트 가옥의 마을 풍경은 할 수만 있다면 내 눈 안에 넣고 싶을 만큼 아름답고, 뛰어난 디자이너도 화가도 그릴 수 없을 만큼 조화로와 마치 신이 빚어놓은 걸작 같았다.

묵티나트에서 2km 내려가면 나오는 카그베니는 무스탕의 초입인데 포카라에서 오래 머물다 알게 된 곳으로 히말라야에 숨겨진 작은 나라라는 이야기를 들었다. 금단의 땅, 은둔의 왕국으로 불리는 출입하려면 까다로운 규정을 지켜야 하고 허가비도 무척 비싸서 극소수의 여행자가 갈 수 있는 곳이다.
카그베니의 풍경도 묵티나트처럼 사랑스럽고 또 다른 매력을 지녔는데 유적지 같은 건물들이 새파란 하늘 아래 우뚝 서 있는 풍경도 경이로움 그 자체다. 놀라움이 가득한 이곳을 보며 안나푸르나 라운드 코스를 선택한 건 여행하면서 결정한 것 중 가장 팬찮은 선택이다.

여행이 내게 주는 선물

카그베니를 뒤로하고 좀솜을 거쳐 하루하루 갈 수 있는 정도로 달려,
마을이 나오면 밥 먹고 자고 가는 방법으로 며칠 반복하니 안나푸르
나 라운드 코스 끝인 베니에 도착했다. 베니까지 내려오는 길에는 타
토파니라는 마을이 있는데 좋은 온천수가 나온다. 안나푸르나 여행자
들이 꼭 거치는 곳으로 그곳에서 하루를 머물다 내려왔다.
베니에서 점심 먹고 포카라까지 자전거로 가려고 하다가 중간쯤 달
리다 보니 계속 자전거로 가면 밤에 도착할 것 같아 버스를 타고 오
후 늦게 도착했다.
15일 동안 한국 음식을 못 먹어서 한국 식당으로 갔다. 식당 운영하
는 사장님과 식당에 있는 한국 여행자들, 일하는 네팔리 친구들까지
잘 다녀왔냐고 반겨줬다. 네팔을 자전거로 여행하는 여행자도 트래킹
은 걸어서 다녔는데 자전거로 다녀온 걸 대단하게 생각했다. 기분 좋
아서 음식 시켜놓고 소주도 한 병 마시면서 안나푸르나 여행 무사히
마친 걸 자축했다.

포카라에 머무는 동안 또 다른 한국 여행자들을 만나고 친해지고 어
디 어디 다녔는데 어땠더라 하는 이야기로 즐겁게 지냈다. 여행이 좋
은 건 많은 사람을 얻고 있다는 거다. 아름다운 곳을 찾아다니는 재
미도 있지만, 여행지에서 만나는 인연들은 더 소중한 자산이다. 친구,
인연을 만든다는 건 일할 때는 꿈도 꿀 수 없었는데 여행이 내게 주
는 선물이 정말 많아서 좋다.
일주일 정도 여행자들과 어울려 하루하루를 보내다가 문득 무스탕
카그베니가 떠올랐다. 잠자려고 눈을 감아도 그 풍경들이 또렷하게
그려지고 생각나서 카그베니를 다시 올라가 일주일이든 한 달이든
그곳에서 지내보고 싶어 다시 가기로 했다.

다시, 길 위에 서다

다시 찾은 무스탕 카그베니

자전거로 올라가면 시간이 오래 걸릴 것 같아 버스로 가는데 무려 세 번이나 갈아타고 좀솜에서 지프까지 이용해 카그베니에 도착했다. '카그'는 '경계'라는 뜻으로 무스탕이 시작되는 초입 마을이다.

유적지로 보였던 건물에는 아직도 사람이 거주하고 있고 집집이 붙어있는데 폐쇄적 구조로 지어져 몇 개의 출입구로만 마을을 드나들 수 있었다. 전시에 서로 뭉쳐 침략을 대비하는 방법이다.

추수가 끝난 카그베니의 들녘 풍경은 가을 색으로 절정을 뽐내고, 닐기리산 봉우리는 무스탕을 품고 있는 듯하다. 마을 한편에 있는 동자승 학교에서는 해맑은 표정의 동자승들이 부처의 경전을 공부하고 있고, 마을 사람들은 이곳저곳에서 잡일을 하고 있다. 사람들의 의상에서 이곳이 티베트라는 걸 알 수 있다. 안나푸르나 라운딩 코스를 여행할 때도 중간 지점부터는 티베트인들이 사는 마을이었다. 티베트인들은 이곳에만 있는 것이 아니라 히말라야 산맥을 따라 중국, 네팔, 인도, 파키스탄에서 아프가니스탄까지 거주한다.

카그베니에서 무스탕으로 들어가려면 규정상 네팔 정부로부터 허가증을 받아야 하는데 1인당 700달러고, 두 명 이상 이루어진 팀을 꾸려 가이드와 포터가 동행해야 갈 수 있는 조건이다. 카그베니 마을 끝 검문소에서 허가서와 입국 조건을 확인받아야 하며 1년에 무스탕으로 들어갈 수 있는 인원 또한 제한되어 있다.

일주일 정도 카그베니와 옆 마을 몇 군데를 돌아보며 시간을 보냈다.

혼자서 무스탕 검문소를 넘다

카그베니에서 지내는 동안 무스탕에 대한 생각이 머릿속에 가득 차 있었다. 무스탕 끝 마을 로만탕까지 들어가고 싶은데 가이드와 포터까지 동행하면 더 많은 돈이 들어가서 쉽게 결정할 수 없는 일이었다.

하늘이 무척이나 파랬던 토요일 아침, 숙소에서 배낭에 짐을 싸 무스탕으로 출발하면서 혹시나 검문소에서 걸리면 돌아올 양으로 자전거를 타고 검문소를 지나는데 나와 보지 않는다. 어떻게 이런 일이 일어날 수 있지? 오늘 운이 좋은가보다. 허가증 없이 검문소를 지나 무스탕으로 들어가도 날 쳐다보는 사람도 없고 혼자서 무스탕 여행을 하게 돼서 날아갈 것 같은 기분이다. 티베트에서도 기적처럼 검문소를 통과했는데 이곳에서도 기적적인 일이 일어났다.

한참을 달려 만난 첫 번째 마을 탕베에 도착하자마자 보기 힘든 풍경이 나를 반겼다. 무스탕 인들이 야크를 잡는 날이었고, 야크 몸을 해체한 후 부위별로 정리해서 내다 팔 생각인 것 같다. 오늘이 아니면 못 봤을 건데 오늘 출발해서 이런 광경을 보게 되는 행운을 잡았다.

점점 깊숙한 곳으로 들어가면서 안나푸르나에서 보지 못한 기이한 풍경이 내 눈을 사로잡았고 산의 무늬도 독특한 데다 절벽에 구멍이 나 있는 것도 무척 신기했다. 나중에 알게 됐지만, 저 구멍들에 오래전 기원전으로 추정되는 시기에 사람들이 살았었고, 밖에서는 보이지 않지만, 안쪽으로 구멍에서 구멍으로 다 연결되어 있다고 한다. 접시와 병, 티베트 서적도 발견되었고, 사람이 살았던 흔적도 있다.

이곳저곳의 바위산이 오르간처럼 조각되어 있는데 바다가 솟아오르며 만들어진 무늬인 것 같기도 하고 볼 때마다 신비로워서 계속 보게 되고, 마을을 지날 때마다 오래된 가옥이 보이는데 600년 전에 지어진 건물이다.

600년 전 중국 영토에 살던 티베트인들이 이곳으로 터를 잡아 무스탕을 세우고, 왕정 정치를 펼치며 외부와 단절하고 오직 무스탕 인들만 교류할 수 있었다.

좋아했던 연인과 헤어진다고 슬퍼할 일만은 아닌 게 다시 만나는 새로운 연인에 금방 빠지는 것처럼 여행도 그렇다. 새로운 곳을 찾아다니며 보는 아름다운 풍경들은 나를 홀린다. 어제도 아름다운 곳을 달렸는데 오늘은 어제 봤던 풍경보다 더 아름다운, 상상하지 못했던 풍경이 펼쳐지고, 한없이 경이롭고 숭고해 보이는 풍경 속에서 탁해져만 가는 우리가 사는 곳이 못마땅했다.

무스탕 인들은 왜 히말라야의 깊은 곳에 척박하고 혹독한 땅을 찾아 왔을까? 그냥 보면 오래된 유적지 같아 보이지만, 지금도 무스탕인, 티베트인들이 살고 있다. 자연에서 쉽게 구할 수 있는 돌과 흙, 나무로 집을 짓고 600년째 부모가 자식에게 물려주기를 반복해 지켜내려 온 티베트 가옥이다. 히말라야 깊은 곳 불모지에 터를 잡고 살기 시작한 티베트인들 중 가장 오지에 정착해서 사는 사람들, 그들은 왜 그렇게 깊고 척박한 곳을 찾아 그들만의 작은 왕국을 세우고 외부인의 출입을 차단하며 살아왔을까?
역사 속 인간들은 끊임없이 침략을 일삼고 그로 인해 전쟁은 지속하였고, 한 사람의 욕망 때문에 아무것도 모르는 백성들이 피를 흘리고 목숨을 잃어야 했다. 하나라도 더 빼앗으려 싸우고 경쟁하며 살아가야 하는 슬픈 현실, 티베트인들은 인간들의 온갖 탐욕과 욕심으로 가득 찬 속세를 떠나 아무나 들어올 수 없는 히말라야 가장 깊은 곳으로 와 누구의 방해도 받지 않고 그들만의 신념으로 살기 위해 불모지에 터를 일궈 지금까지 살고 있다.

전생, 그리고 다음 생이 있다고 믿는 티베트인들은 지금 사는 생에 구애받지 않는 누구와도 경쟁할 마음이 없는 사람들이다. 어떤 방식으로건 우리의 야망을 실현하기 위해 안달하는 우리와 달리 그런 자아를 버리려 노력한다. 이게 티베트인들의 보편적인 사고방식이다.

때로는 공포가 찾아오기도 한다

정상에서 내리막길을 만났는데 두 갈래로 갈라진다. 로만탕으로 가는 길은 한 길밖에 없는데 이정표도 안내판도 없어 마냥 서 있었다. 해는 저물고 어느 길로 가야 할지 판단할 수 없는 공포가 얼마나 무섭고 두려운지 모른다. 어떻게 할 도리가 없는데 여기서 누가 지나가기를 기다리는 것도 할 수 없고 지나가는 사람이 없는 곳이라서 혼자 남겨진 두 갈래 길 앞에서 어디로 가야 할지 결정을 해야 하는데 어디로 가야 하는지 단서도 없다.

어디로 가야 할지는 내 운명에 맡겨야 해서 오른쪽 길을 선택해서 달리기 시작했다. 내리막길이라 달리는 건 힘들지 않지만, 문제는 이 길이 맞는지 모른다는 거다. 캠핑 장비도 다 놓고 온 상황에서 내가 가는 길이 맞지 않아 어딘가에서 밤을 지새우다 추운 날씨에 얼어 죽을지도 모르는 두려움이 엄습했다. 겁에 질려 자전거가 어떻게 되든 상관없이 흙길을 빠른 속도로 달리고 있는 이 순간이 공포다.

혹시 내가 죽을 수도 있겠다고 하는 생각도 드는데 자신을 달래며 길이 나 있으니까 누군가는 사는 마을이 있을 거라며 위로를 한다. 그러지 않으면 아무것도 할 수 없고 어떻게든 계속 달리면 집 한 채라도 나올 거라는 희망을 품었다.

한참을 달려 드디어 마을이 눈에 들어왔고 살았다는 생각에 눈물이 뚝뚝 떨어진다. 한참을 달려 차랑 마을에 도착해서 정말 다행이다. 무스탕에서 규모가 두 번째로 큰 마을로 알고 있고 간신히 찾은 숙소에 들어가 숙소 주인에게 처음 들은 말은 '여기 네팔이 아니고 티베트야, 우리는 티베트인이야'라는 말이다. 나이 든 어머니가 마니차를 돌리며 주문을 왼다.

'오모아 배차 그루빼마 세떼 홍시'

어떤 뜻인지 물어보니 '모든 게 평화롭도록 도와달라'고 신에게 부탁하는 기도다. 저녁 시간이 되어 음식을 주문하려고 했더니 우리는 딱히 메뉴가 없다며 집에 오는 여행자들에게는 대부분 티베트 주식을 추천한다고 했다. 그들의 생활을 체험할 수 있다는 건 지금까지 해보지 못한 정말 좋은 경험이다. '홉빠쬐진쏴기'라고 부르는 티베트 주식을 만드는 과정부터 완성될 때까지 그들과 부엌에서 시간을 함께했다.

완성된 '홉빠쬐진쐬기'를 티베트인들과 같이 저녁으로 먹고, 다음 날 아침은 티베트인들이 부식으로 즐겨 먹는 '짬빠'를 만들어 먹었다. 짬빠는 우리나라 미숫가루와 비슷하고 맛도 거의 똑같았다. 우리가 물에 미숫가루를 묽게 풀어 마시는 방식이라면, 짬빠는 가루에 물을 조금 부어 손으로 반죽한 후 떼어먹는다.

성스러운 땅, 로만탕

로만탕으로 가는 길은 푸르다 못해 검은색에 가까운 하늘이 펼쳐져 있다. 땅 위에 서 있지만, 마치 공중에 떠 있는 듯한 느낌이 든다. 계속 서 있으면 하늘로 빨려 들어갈 것만 같은 착각이 들 정도로 고요하다.

사람이 사는 곳이 아니라 신이 사는 듯한 신들의 언덕 무스탕, 마을 입구를 알리는 타르쵸가 바람에 휘날리고 그곳을 지나면 무스탕에서 가장 깊숙한 곳 로만탕이다. 다른 지역에 살던 티베트인들이 이주하면서 건국된 무스탕 왕국 중에서 가장 먼저 만들어진 로만탕은 도시라기보다는 큰 마을이다. 로만탕에는 무스탕의 왕 지메 팔바 비스타(Jigme Palbar Bista)와 왕비 양진이 살고 있으며, 아직 무스탕 왕국을 거느리고 있다.

600년 전 모습을 고스란히 지켜가고 있는 맑은 무스탕 사람들은 척박한 땅을 일구고, 혹한의 추위에도 욕심부리지 않고 자연에 기대어 살고, 남을 이겨야 한다거나 잘살아 보겠다는 욕심 자체가 없는 선한 사람들이다.

지금도 무스탕이라는 나라를 모르는 사람들이 많고, 그곳을 여행한 여행자도 없다. 그래서 무스탕 여행이 더 값지다는 생각이다. 많은 것을 가지려고 안달하며 경쟁하는 우리가 사는 세상에서는 이해하기 어려운 성스러운 땅이다.

인도 국경을 인도(人道)로 걸어서 넘어간다. 인도가 시작되는 길은 네팔이나 인도나 색깔만 다르지 복잡함은 매한가지다. 처음에는 정신을 빼놓을 만큼 복잡하고 더럽고 뿌연 흙먼지에 사람과 차가 엉켜 공간도 없는 길을 걸어가는 게 힘들었다. 네팔 포카라에서 오랫동안 같이 지낸 친구와 인도로 왔는데 네팔 오기 전에 이미 인도 여행을 한데다 10년 전에도 인도 여행을 한 친구다. 10년 전보다 인도가 험해졌다며 인도(引導)해 주었다.

그 친구는 여행하기 전에 사람을 소개해 주는 헤드헌터였는데 고액 연봉을 포기하고 여행을 시작했다. 가장 힘든 일이 사람 상대하는 일이니 엄청난 스트레스 속에 산 거다. 사람들에게 더는 상처 주고 싶지 않고 상처받고 싶지 않아 그 일을 다시 하지 않겠다며 새로운 삶을 찾기 위해 여행을 떠났다고 했다. 나랑 이유가 비슷했다.

다행히 그 친구가 인도로 와서 어떻게 어디로 가는지 다 알고 있어 내가 정보를 찾아보지 않아도 괜찮았다. 인도 국경 근처에서 버스를 타고 기차가 다니는 도시로 가 기차로 바라나시로 향했다.

소소한 여행의 재미

친구가 바라나시에 도착해서도 모든 걸 다 챙겼다. 바라나시 중심가를 인력거 릭샤로 가고, 골목 이곳저곳으로 가더니 숙소를 잡고 짐을 풀고 나와 식당에서 주문하며 이런 거 시켜 먹어야 한다며 꼼꼼하게 하나에서 열까지 다 알려줘서 고마웠다.
가이드보다 더 가이드같이 길을 가면서 이것저것 다 알려주고 길가에 있는 길거리 음식도 권해서 먹었는데 생각보다 정말 맛있었다. 네팔 포카라에서 인도 여행 마치고 온 여행자들이 인도 음식 못 먹겠다고 그렇게 잔소리를 해댔는데 커리도 길거리 음식도 괜찮았다.

친구는 갠지스 강 변으로 가 끝에서 끝까지 가면서 강변에 있는 가트를 하나씩 어떤 용도로 쓰이는지 다 설명해줬다. 화장터로 쓰이는 마니까르니까 가트는 인도 전역에서 몰려드는 운구 행렬로 조용할 날이 없다. 낮과 밤을 가리지 않고 화장이 계속 진행돼서 연기가 멈추질 않고 화장터 근처에서 화장을 보는 여행자도 많다.

숙소 들어가는 좁은 골목은 좀 지저분하고 더러운데 그곳에 할머니가 솥뚜껑을 뒤집어놓고 튀김을 만들어 싸게 판다. 친구가 이거 먹자고 해서 사 먹어보니 정말 맛있다. 까다로운 입맛이 여행하면서 모든 음식을 다 먹을 수 있게 변했다.
바라나시에서는 음주가 허용이 안 된다. 가끔 한국 식당에서 파는 맥주 정도는 괜찮은데 양주나 다른 종류는 제한이 있다. 바라나시 사정을 정말 잘 파악하고 있는 친구가 포카라에서 나와 마시던 양주를 먹자며 어디론가 데려갔다. 이 골목 저 골목 한참을 가더니 철조망을 쳐놓은 가게로 가서 양주를 사 사람들이 안보게 내 가방 안에 넣었다. 숙소로 와 양주를 마셨는데 스릴도 있지만 이것이 여행의 재미라고 여겨졌다.

GANGOTRI SEVA SAMITI

다음 날 저녁 해가 저물고 친구와 다샤스와메드 가트로 가 '푸자'를 관람했다. 오랜 시간 동안 다양한 의식이 한참 진행되고 푸자를 보기 위해 힌두교도들과 많은 관광객이 가트를 가득 메웠다. 몇몇 힌두교도는 화려한 꽃으로 장식된 촛불을 갠지스 강에 띄워 푸자 분위기는 더 화려해졌다.

갠지스 강을 신으로 모시고 푸자라는 제사 의식까지 만든 인도인들이 참 대단해 보였고 강을 신으로 모시는 그들의 종교 개념도 우리와는 달라 이들의 문화를 보고 배우는 것 같아 좋았다. 알지 못했던 힌두교와 인도인들, 바라나시를 다니며 이것저것 알아간다는 게 여행지에서 그 나라 문화와 삶을 공부하고 있다는 생각이 든다. 책에서 얘기하는 설명보다 직접 내가 보고 느끼는 것들이 더 많은 걸 담게 된다.

숙소로 돌아가는 길에 오늘도 할머니가 만드는 튀김을 사러 갔는데 어르신 한 분이 5루피, 우리 돈 90원 하는 튀김 하나를 들고 아껴 먹으려고 하는 모습에 할머니가 물 한 사발을 떠 어르신에게 건넸다. 어르신은 그 많은 물을 벌컥벌컥 마시고 떠났다. 고작 손가락만 한 튀김 한 조각에 물 한 사발이 전부인 초라한 저녁 식사, 바라나시의 가난한 사람들의 하루는 그렇게 마무리가 되기도 한다. 인력거 릭샤를 하는 사람이 버는 돈이 하루 벌어서 밥 세 끼 먹을 수 있는 정도라고 했다. 그래서 인력거를 타면 원래 요금보다 많이 주고는 했다면서 형도 인력거를 타면 좀 후하게 주라고 했다.

역시 난 참 괜찮은 여행자를 네팔 포카라에서 만났다. 여행이 계속 많은 선물을 준다. 좋은 사람들과 인연이 되고 그 인연이 계속 이어진다는 것. 그것보다 더 행복한 일이 있을까?

이렇게 인도에 적응하고 있다

바라나시에서 친구와 작별을 하고 이제 혼자서 인도 여행을 해야 한다. 친구는 델리로
가 한국으로 귀국하고 예전에 하던 일이 아니라 다른 일을 찾겠다고 했다. 연극영화과
나와서 배우로 활동하기도 했는데 아마 다시 연기자로 돌아갔을지 아니면 또 다른 일
을 할지 매우 궁금하다.

바라나시에서 콜카타로 가는 표는 예매해 둔 터라 문제가 없었는데 표에 플랫폼 번호
도 없고 영어로 하우라라고 적혀있어서 도무지 어떻게 해야 할지 몰랐다. 한참을 기다
려도, 혹시 내가 한눈파는 사이 가버린 건 아닌가 하는 초조함. 인도 기차는 왜 제대로
된 정보를 주지 않아 내가 이렇게 힘들어야 하는 건지 모르겠다.

한 시간이 조금 더 지나서 사람들이 기차가 연착되었다고 알려줘 안심하고 5번 플랫폼
으로 가라고 해 기차가 들어오길 기다렸다. 이번 좌석은 돈 좀 써서 좋은 좌석을 예매
했다. 2A라 이층 침대 위쪽이고 에어컨도 나오는 데다 깨끗한 담요도 제공돼서 콜카타
갈 때까지 덮고 가면 된다.

자전거 들고 좌석으로 가서 짐을 풀었는데 내 밑에 침대 좌석에 한국인이 타고 있었다.
먼저 내게 말을 걸어주신 분은 올해 64살이라며 가는 내내 참 많은 이야기를 나눴다.
가보면 좋은 곳과 또 조심해야 할 중요한 부분들을 정리해서 알려 주셨다. 여행하면서
참 좋은 사람들을 만나 참 신기하다는 생각도 들고, 마치 누가 나를 위해 준비해 놓은
듯싶고 어르신과 같이 콜카타로 가는 게 참 좋다.

하우라 역에 내려 함께 여행자 거리까지 갔다. 콜카타의 랜드마크인 택시는 모든 택시
가 노란색이고 벤츠 브랜드이고 목적지까지 간다. 택시 정류소에서 택시 표를 사 택시
를 타면 되고 숙소가 많은 사다르 거리까지 100루피를 주고 간다. 어르신은 예전에 묵
었던 숙소로 안내했는데 한국인과 일본인이 많이 드나드는 Hotel Paragon이다.

방 가격은 300루피라 맘에 드는데 방이 말도 못하게 더럽고 곰팡이 내에다 베개 솜도
쓸 수 없는 상황이지만, 이곳은 인도고 이미 더럽다는 이야기를 들은 터라 참고 여행을
하자고 다짐했다.

어르신이 점심 사주겠다면서 중국 레스토랑으로 데려갔다. 예전 이곳에 왔을 때 먹은 기억이 있어 그때 음식이 생각나 다시 이곳으로 왔고 서너 가지 요리를 주문했다. 그동안 바라나시에서 먹던 음식은 대부분 커리로 만든 탈이 대부분인데 숙소도 안내해 주고 점심까지 챙겨줘 고마움을 전했더니 여행을 많이 하는 동안 다른 여행자에게 도움을 많이 받았고, 자신도 새로 만나는 여행자에게 그래야지 하고 내게 또 베푸는 거라고 했다.

정말 훌륭한 요리를 오랜만에 맛있게 먹어서 좋았는데 어르신은 다른 곳으로 가신다고 떠나셨다. 숙소에 돌아와 침대 매트에 텐트 바닥 커버 씌우고 그 위에서 침낭을 사용하기로 하고 바닥이 더러워 배낭도 내려놓을 자신이 없어 벽에 걸어 놓기로 했다. 이렇게 인도에 적응하고 있다.

울부짖는 개가 되어버린 인간

도착한 다음 날은 크리스마스였고, 성당에는 하나같이 성탄 모자와 옷을 입고 있는 사람들이 성탄절을 기념하기 위해 초에 불을 붙여 놨는데 왠지 인도식인 것으로 보인다. 영국이 지배했을 때 건립한 성당은 영국인이 떠난 후에도 남아 지금까지 이어져 기독교 신자들이 찾는 성당으로 남아있다.

마침 콜카타에서는 올해로 78번째 열리는 인도 미술가들이 참여한 전시회가 열렸고 Academy of Fine Arts에서 많은 작품이 전시 중이었다. 입장료는 5루피, 우리 돈으로 80원 정도라 그냥 보는 수준이라 여행자에게는 축복이다.
전시장 작품들은 촬영이 안 된다고 해서 몰래 몇 작품을 찍었는데 작품들의 느낌은 좀 어두운 편이었고 지금 변화하고 있는 인도 이야기가 배어 있는 듯했다.

'울부짖는 개가 되어버린 인간'이 있는 특이한 작품이 있었는데 어쩜 지금을 사는 우리의 심정을 제대로 표현한 것 같다는 생각도 들었다. 혼자 다니지만, 콜카타에서 이것저것 많이 알게 되고 담았다.

빅토리아 기념관 홀로 옮겨가서 살펴보기로 했다. 홀은 콜카타에서 가장 큰 건물로 랜드마크로 불리는 곳이다. 빅토리아 홀 외에도 이곳저곳 성당이나 영국의 흔적을 느낄 수 있는 곳이 있어 인도인에게는 괜찮은 여행 장소로 주목받는 콜카타다.

다시, 길 위에 서다

숙소에서 만난 한국 여행자

콜카타에 머무는 숙소에는 많은 한국 여행자가 묵고 있었다. 둘이서 인도를 여행하다 콜카타에 와서 며칠 머무는 친구도 있었고, 오랜 여행을 하는 부부 여행자도 있었다.

같이 점심이나 저녁 먹으면서 여행 이야기를 나누는 시간은 심심하지 않았고, 밤에는 맥주 사다가 숙소 옥상 테이블에 앉아 맥주 마시며 이야기를 했다. 부부 여행자 중 남편이 나를 보더니 마하트마라고 부르면서 간디 티가 난다고 재미있는 얘기도 나누고, 작은 자전거로 티베트 횡단하고 안나푸르나, 무스탕 완주했다는 이야기에 놀라고 감동하기도 했다.

5일 정도 계속 같이 숙소에 머무르면서 서로 아는 정보들 공유하고, 다음 여행지 가는 방법 물어보는 친구에겐 인터넷에서 찾아 알려주었다. 콜카타 떠나기 전 한국의 많은 여행자와 어울리고 좋은 이야기를 나눠서, 즐겁게 지낼 수 있어서 행복했다.

다들 다음 여행지로 하나둘 떠나며 그렇게 헤어졌지만, 아직도 연락하는 친구도 있다. 점점 여행지에서 만난 사람들과 귀국해서 알고 지내는 건 기분이 좋다.

아름답고 신비로운 땅, 함피

첸나이에서 레드버스 예약하고 출발하는 날 저녁 5시 30분, 센트럴버스 스탠드에서 타야 하는데 시간이 돼도 버스는 오지 않았다. 센터에 전화해도 모르겠다는 소리만 해 다시 호텔로 돌아가 도움을 받아 다른 버스정류장으로 가 간신히 함피로 가는 버스에 탈 수 있었다. 인도에서 이동할 때마다 매번 벌어지는 난감한 일들 때문에 참 힘들때가 있다.

어렵게 도착한 함피에서 숙소를 구하고, 짐을 풀고 바로 밖으로 나갔다. 중세시대 가장 아름다운 도시 중 하나였던 함피는 남부 인도에서 최고로 번성했던 힌두왕조 비자야나그르 왕국의 옛 수도였고 그때 지어놓은 수많은 유적이 고스란히 남아 있는 곳이다.

함피를 둘러싸고 있는 엄청난 돌산들의 신비로움과 아름다운 풍경, 엄청 큰 바위를 깎아 만든 50m의 비루팍샤 사원과 다양한 사원들을 보고 있노라면 웅장함에 놀라 자빠질 정도로 경이롭다. 곳곳에 남아있는 건물 유적들은 장엄한 자태를 뽐내고 있고 돌을 깎아 수로를 내 멀리에 있는 물을 끌어다 만든 여왕의 목욕탕도 신비롭다. 1,000km가 넘는 곳에서 바위를 가져와 건물 기둥을 세워 만든 하지라 라마 사원에서는 매일 뮤지컬 공연이 성황을 이루었다고 한다. 수많은 물건이 거래됐던 시장의 규모도 거대하고 함피의 많은 유적지가 인도에서 가장 뛰어난 건축물로 인정받고 있다. 인도 전역에서 가장 큰 권력과 부를 가진 위대하고 찬란했던 왕국 함피는 이슬람교에 정복당한 후 결국 몰락했다.

역사는 늘 새로운 욕망을 꿈꾸는 자들에 의해 뒤집혀 왔다. 함피에서는 유독 역사에 대해 공부를 많이 했다. 그냥 풍경보고 스쳐 지나가는 게 아니라 가이드가 설명해 주는 걸 다 메모하고 유적지와 사원에 쓰여있는 영어 안내문을 다 찍어서 많은 걸 알게 됐다.

여행하면서 아름답고 신비로운 풍경만 보고 느끼는 거로 끝나는 게 아니라 그곳에 대해 공부를 하는 것도 좋은 여행의 덕목이다.

다시, 길 위에 서다

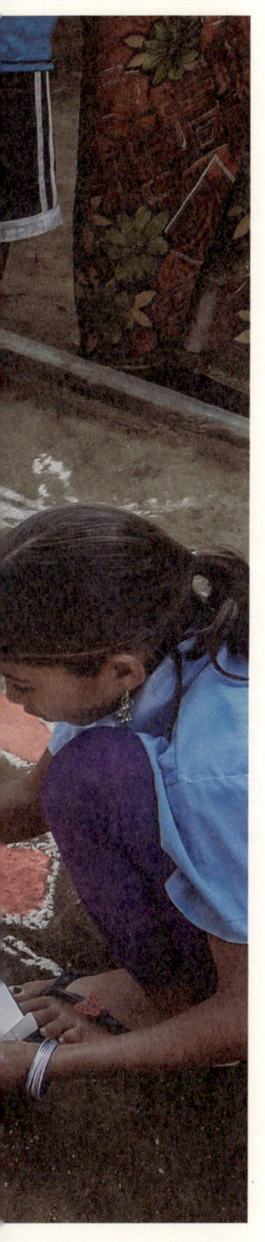

내가 머물던 숙소에서 조금만 내려가면 강이 나오는데, 이곳도 인도의 다른 도시처럼 강에 들어가 기도도 하고 몸을 씻기도 한다. 강을 건너는 보트가 있어 10루피를 내고 강을 건너는데 자전거는 보트에 싣지 못하지만, 다행히 내 자전거는 접어놓을 수 있어 보트에 싣고 가는 게 허락됐다.

보트에서 내려 자전거 타고 들어간 마을은 쌀농사를 짓고 있었고, 우리나라처럼 허수아비도 보였다. 다른 게 있다면 논두렁에 야자수로 가득 차 있었다. 논 뒤편에도 함피를 상징하는 돌산이 논과 야자수와 조화를 이뤘다.

어제 숙소에서 만난 한국 여행자가 이곳을 가보라고 추천해서 왔는데 이곳을 와보니 정말 이것저것 다양한 그림들이 많아 잘 왔다는 생각이 든다. 야자수 이파리로 지붕과 담을 만들어 놓은 집들도 무척이나 정감있는 디자인이었다. 담 밑에서 아이들이 무언가 하고 있어 가까이 가보니 문 앞에 꽃무늬를 그리고 있었다. 그림 덕에 집에 좋은 기운이 들어올 것 같다는 생각도 들었다. 여러 색으로 그려 놓은 꽃무늬가 싱그러워 보였으며, 아이들의 환한 표정도 너무 화사했다.

다른 도시에서도 아이들이 나를 보면 좋아서 달려와서 반겼는데 함피에서도 나를 보고 달려오면서 반갑게 맞아준 아이들의 표정에서 신나는 걸 느낀다. 귀여운 아이들을 만나 즐거웠고 나도 신이 났다. 이곳을 찾아온 건 잘한 거다.

인도 최남단 깐야꾸마리

인도 숙소들은 체크인 타임에 체크아웃 해야 하는 곳이 많다. 첸나이에서 야간 버스 타고 벵갈로르에 내려 깐야꾸리마리 가는 기차를 타야 하는데, 아침 6시에 들어간 호텔에서 자고 다음 날 아침 6시에 나와 그 많은 짐을 들고 어딜 가야 하나 걱정이다.

인도는 대부분 10시부터 일과 업무가 시작되어 아침 6시에는 이른 시간이라 문 연 곳은 아무 곳도 없고, 식당들도 10시 혹은 11시 이후에 열어서 갈 곳이 없었다.

가방하고 짐을 맡겨야 해서 기차역에 있는 수화물 보관 서비스로 가 맡겼다. 다행히 기차역에 있는 식당이 24시간 영업을 해서 자전거를 접어 식탁 밑에 놓고, 밥 먹고 몇 시간을 식당에 앉아 보냈다.

점심때가 될 때쯤 아이폰을 샀던 대형 쇼핑몰로 가 패스트푸드점에 죽치고 있었다. 그것도 서너 시간이면 한계가 오기 때문에 쇼핑하다 다시 패스트푸드점에 갔다를 반복하며 저녁 8시까지 쇼핑몰에서 시간을 보냈다. 인도 여행에서 기차를 이용하다 보면 이런 상황을 많이 겪는다. 대부분 긴 거리를 가는 기차는 밤에 출발해서 숙소에서 나와 기차를 탈 때까지 한참을 기다려야 하는 일이 많이 생긴다.

무려 14시간을 보내고 기차역으로 가서 짐 찾아 깐야꾸마리로 가는 기차에 올랐다. 인도의 1월 한 달 동안은 축제 기간이라 인도인들의 기차 이동이 많아 좌석 구하기가 정말 힘들다. 인터넷으로 예매한 표도 대기표였는데 출발 두 시간 전에 좌석이 배정돼서 정말 다행이었고 좌석은 슬리퍼 코치라고 해서 침대가 3층인데 중간으로 배정됐다.

아래와 중간 침대가 좋지 않은 이유는 자기 전엔 다 앉아있는데 아래 침대가 의자가 된다. 앉아 있으려면 중간 침대를 접어야 하는데 그러면 중간 침대는 사라지는 거다. 운 좋게도 한 어르신이 위 침대로 바꿔주셔서 난 곧바로 침대로 올라가 잠들어 버렸다. 선잠 자다 깨다 하며 자는 수준인데 인도는 땅이 넓은 나라라 이동 시간이 오래 걸려 기차를 타고 가면서 하룻밤을 자야 하는 게 가장 힘든 일일 수도 있다. 무려 17시간 반을 기차에 있었다.

뱅갈로르 숙소에서 아침 6시에 나왔으니 33시간을 불편하게 보내 몸은 당연히 축 처질 수밖에 없다. 몸을 회복하려면 숙소를 빨리 찾아 들어가 쉬어야 하는데 기차역 근처

에 있는 400루피짜리 숙소를 찾아갔지만, 숙소에 여행 온 인도인들이 복도에 모여 많은 인원이 밤을 새우며 복도에서 음식을 해 먹고 무척 시끄럽게 떠들어 밤새 잠 못 자고 꼴딱 세웠다. 계속 있다가는 소음 때문에 죽을 것만 같아 다음 날 아침 다른 숙소 찾아 나섰다가 한국 여행자를 만나 그가 묵고 있는 숙소로 옮겼는데 숙소비는 비싸지만 시설은 정말 잘 돼 있고 서비스도 무척 좋았다.

잠이라도 편하게 자야겠다는 생각은 한순간에 날아갔다. 오후가 되자 엄청나게 큰 스피커에 정말 말도 안 되게 악을 쓰며 노래를 하는 가수의 음반을 스피커가 찢어지라 틀어놨는데 확성기였다. 듣고 있으면 정말 미쳐버릴 정도였다. 노래가 아니다. 악만 쓴다. 리셉션에 문의하니 축제 기간이라 어쩔 수 없다는 대답만 하고 밤늦게까지 음악도 아닌 소음을 틀어놓고 아무렇지 않은 듯이 하는 게 도저히 이해가 되질 않는다. 소음을 피해 옮긴 호텔에서 더 큰 소음에 시달리며 잠을 못 잤다. 깐야꾸마리 여행은 이상하게 처음부터 마지막까지 말도 안 되게 힘들었다.

함피까지 좋았던 인도의 인상이 이곳에서 다 망가졌다. 그나마 위로가 됐던 건 호텔 소개해준 여행자와 거리를 걷는데 한국 여자 여행자를 만나서 3일 동안 같이 이곳저곳 다니면서 밥 먹고 술도 마시며 많은 얘기할 수 있어서 좋았다.

아름다운 섬, 세이셸

세상은 넓고 가 볼 곳도 수없이 많아서 어디로 가야 할지 나라를 결정하는 것도 참 만만치 않다. 스리랑카가 좋다는 이야기를 많이 들어서 그곳으로 가려고 인도를 거쳐 가자는 생각으로 여행한 건데 아프리카 대륙 인도양 위에 떠 있는 세이셸이라는 섬나라를 알게 됐다. 알려지지 않은 나라, 생전 처음 들어보는 곳이라 더 끌리는 곳. 마치 미지의 세계일 수도 있지 않겠냐는 상상도 됐다. 지도를 몇 배 확대해야 아주 작게 나오는 나라 세이셸을 가기로 했다.

인도에 있을 때 인터넷으로 세이셸 정보를 찾아봤는데 물가가 아주 비싸다는 이야기들이 많았고 사진에서는 신기한 바위들이 많다. 첸나이에서 스리랑카 수도 콜롬보를 거쳐 세이셸 마헤 섬으로 가는 비행기를 예약하고 일주일 후 첸나이 공항까지 자전거로 도착해 자전거 포장하는 곳으로 가 뽁뽁이로 엄청 두껍게 싸서 보내고 비행기에 올랐다. 스리랑카 콜롬보에서 무려 14시간을 대기했고 점심때가 조금 지나서 세이셸 마헤 섬 공항에 도착했다.

입국 절차를 받는데 서류를 달라고 한다. 뭔 이야기인가 싶어 둘러보니 중국인들은 손에 A4 용지가 들려 있었다. 한국은 세이셸과 비자 없이 30일 체류가 가능한 협정이 있다고 했더니 기다려보라고 한다. 서류가 필요 없는 건 이해했는데 입국 항공권과 출국 항공권이 28일 간격인데 왜 호텔 예약을 이틀만 했냐고 하길래 호텔 정보가 없어서 다른 곳으로 옮기려고 한다고 했더니 믿을 수 없단다.
그러더니 돈은 얼마나 가져왔냐고 물어봐서 우리 돈 100만 원 정도 되는 달러 현금이 있고, 통장에는 2천만 원이 넘게 있다고 했더니 쳐 듣질 않는다. 나를 밖으로 이리저리 끌고 다니면서 ATM 몇 군데에서 계속 돈을 찾아보란다. 얄팍한 지위를 이용해 여행자를 괴롭히는 놈들이다. 나를 끌고 다니며 돈 찾아보라는 협박과 세이셸 비자 만드는 데 100만 원 든다는 거짓말로 위협까지 당했다.
아름다운 섬나라, 세이셸의 첫날은 정말 모든 게 뭐 같았다.

다시, 길 위에 서다

세이셸은 수백 개의 작은 섬들이 모여 있는 나라다. 주민이 거주하고 여행할 수 있는 섬은 세계에서 가장 작은 수도 빅토리아가 있는 마헤섬과 두 번째 규모의 프랄린 섬, 프랄린에서 멀지 않은 곳에 있는 가장 작은 섬 라디그다.
비가 내려 공항에서 숙소까지는 비가 내려 택시를 타고 가는데 물가가 비싸서 약 2km 거리인데 우리 돈 3만 원 정도를 내야 한다. 세이셸은 부유층들이 찾는 여행지인 데다 영국 왕세손이 신혼여행지로 선택한 곳이고, 오바마 가족들이 휴가를 오기도 한 나라다.

연인이나 가족 단위로 오는 세이셸을 가난한 배낭 여행자인 내가 무리를 해서 온 건, 궁금한 건 꼭 확인해야 하는 성격 때문이다. 어렸을 때부터 호기심이 정말 많아서 궁금한 건 다 해결해야 했고, PD가 되어서는 언제나 새로운 아이템들을 찾아다니는 하이에나가 되어 찾고 파헤치는 것에 익숙해졌다. 여행에서도 마찬가지가 되었고 사람들이 모르는 곳을 찾아 파헤쳤다.
처음 도착한 날부터 내린 비는 3일 내내 그치지 않아 숙소에서 나가지도 못하고 이틀 숙소비 16만 원만 날렸다. 게스트하우스는 수도 빅토리아에서 한참 떨어진 산속에 있어 어디로 나갈 엄두가 전혀 나지 않았다. 비가 그치고 자전거로 빅토리아 시내를 보러 가는 데 자전거가 도로 한복판으로 달려도 클랙슨을 울리지 않는다. 모든 차가 나를 비껴가며 손을 흔들고 웃으며 인사를 건넨다.
도착한 첫날과는 전혀 다른 풍경과 색다른 사람들을 보며 기분이 좋아졌다. 세이셸이 유명한 관광지라서 이곳을 찾는 여행자는 대부분 부유층이고, 여행 사업을 하는 영국, 프랑스인들도 다 잘 살아서 여유가 가득 차 있는 사람들이다.
길 지나갈 때 그냥 가는 사람들이 없다. 사람이 마주치면 다 웃으며 인사를 해서 나도 웃으며 반갑게 인사를 하게 된다. 내가 살던 곳에서는 보지 못한 문화를 이곳에서 느끼면서 세이셸을 다시 생각하게 됐다. 더군다나 세이셸에 다니는 대부분 차가 한국차인 것도 정말 반가웠다.

에메랄드빛 바다를 건너 프랄린 섬으로

공항에 도착했을 때 달랑 일주일 비자를 내줘서 프랄린 가는 페리 예약하고, 비자 연장해야 해서 출입국 사무소로 갔다. 그곳에선 3G가 되니까 내 통장의 잔금이 얼마인지 휴대폰으로 보여줬다. '나 돈 이만큼이나 있다고 너희 월급 수백 배가 넘는다'고 얘기하니까 피식 웃으면서 비자를 10일 연장 해줬다. 프랄린 섬과 라디그 섬을 가야 하고 돌아와서 출국 날 맞춰야 하는 걸 그들도 알고 있어서다.

마헤 섬에서 프랄린 섬으로 가는 방법은 비행기나 요트를 이용하면 된다. 비용은 같은데 페리를 타고 가기로 했다. 페리 타고 가면 비행기보다 시간이 걸리지만, 이것저것 볼 것도 많을 것 같고 가면서 바다 위에 떠 있는 듯한 작은 섬들 보는 재미와 바다 풍경도 찍고 싶어서다.

페리 속도가 무척 빨라서 거친 파도를 일으켰고 심하게 흔들려 못 참고 화장실로 달려가는 여행자가 많이 보였다. 나는 심하게 흔들리는 고기잡이배를 많이 타봐서 아무 문제 없이 프랄린 섬까지 도착했다. 드넓은 인도양에 있는 아주 작은 섬 세이셸 공기는 내가 살던 곳과는 천지 차이였다. 투명한 에메랄드빛의 아름다운 세이셸 바다를 달려 프랄린 항구에 도착했다.

페리에서 뭍으로 내려오는데 한 흑인 남자가 자전거를 타고 오더니 어디로 가냐고 물어, 바다 옆길로 달려 프랄린 공항 근처 예약해놓은 펜션으로 간다고 했다. 바다 옆길은 도로가 안 좋아서 다른 길로 같이 가자고 해서 따라갔다. 한참은 평지라서 같은 속도로 달렸지만, 오르막이 시작되자 라이딩 자전거를 타고 있는 흑인은 자기 속도로 달리는데, 나는 작은 자전거고 짐도 많아서 많이 뒤처졌으나 계속 기다려줬다. 그게 반복돼서 그냥 나 혼자 천천히 가겠다고 얘기하고 그를 돌려보냈는데 오르막의 경사가 더 높아지기 시작했다. 힘들게 간신히 정상까지 올라간 후로는 내리막이 시작되어 괜찮았다.

펜션은 프랑스 부부가 운영하는 곳인데 정말 친절해서 좋았고 내가 쓸 펜션으로 데려가 방, 거실, 주방까지 하나하나 자세하게 다 설명해 줬다. 큰 펜션 한 채를 내가 쓰는데 주방이 있는 셀프케이터링 숙소라서 자전거로 슈퍼 가서 음식 재료 사다가 주방에서 만들어 먹으니까 식비가 절약됐고, 펜션과 바다가 붙어 있어서 바로 바다로 가 풍덩 하고 수영할 수 있어서 밥 먹을 때 빼고는 바다에 빠져 종일 수영을 했다.

둘째 날은 플란린 섬에서만 자라는 야자나무가 있다는 발레드메 공원을 찾았는데 자전거 주차장이 마련되어 있어 괜찮았고, 공원 입장료는 역시 비싸다. 입장권이 무척 컸는데 이런저런 설명이 있어서 도움도 됐다. 25년 전, UNESCO 세계자연유산으로 지정됐다는 것도 알았고, 공원에서 지켜야 할 여러 가지 조항들도 적혀 있어 확인하고 공원으로 들어갔다.

경로에 따라 트래킹 소요 시간이 달라지는데 무작정 돌아다녔다. 이 공원에서만 자란다는 코코드메르 Coco De Mer 야자수가 약 4,000그루 이상 서식하고 있어 에덴동산이라는 애칭도 있다. 코코드메르 야자수가 신기한 건, 수컷 나무에 열린 열매는 남자의 생식기와 비슷하고 암컷 나무 열매는 여자의 생식기와 비슷해 세상에서 가장 섹시한 열매로 꼽혔다고 한다. 그 크기가 무척 커서 세계 기네스북에도 등재되었다.

열매를 보고 있으면 웃음이 그치지 않을 정도로 흥미롭다. 이곳에만 서식하는 희귀 동물들과 검은 앵무새도 있다는 안내가 있었는데 직접 볼 수는 없는 상황이라서 안타깝기도 했다.

세계에서 발레드에 공원에만 존재하는 것들을 보고 느끼며 아무나 쉽게 볼 수 없는 것이라서 소중해 보였고 세이셸 여행을 선택한 건 정말 잘한 것 같다. 여행비가 많이 축나긴 했지만, 이곳에서 쓴 돈보다 더 큰 걸 얻어서 괜찮고 이곳에 와 큰 보석을 찾아내 담아가는 느낌이다.

자전거로만 다니는 섬 라디그

프랄린 항구에서 다시 페리로 라디그 항에 도착해보니 많은 사람이 자전거로 이동한다. 여행자도 라디그 섬 주민들도 모두 자전거를 타고 여행을 하고, 일을 보는데, 섬이 작아 차가 다니기도 좀 모호해서 공무 차량만 두 대 운행한다. 자전거 여행을 하는 내게는 정말 재미있는 섬이다.

프랄린 섬에서 약 10km 떨어진 라디그 섬은 여의도 정도 크기로 작은 섬이지만, 3개의 세이셸 섬 중에 가장 아름다운 풍경을 자랑한다. 라디그를 여행하는 여행자는 섬에 도착해서 제일 먼저 하는 일이 항구 근처에 있는 자전거 점포에서 자전거를 빌리는 일이다. 자전거가 있는 나는 자전거로 라디그 이곳저곳을 다녔다.

숙소는 바다와는 조금 떨어진 섬 중간쯤에 있는데 섬이 작아서 모든 해변을 가기에는 딱 좋은 위치이고 마헤 섬 게스트하우스에서 소개받은 숙소로 프랑스인이 운영하는데 방값이 우리 돈 5만 원 정도라 세이셸 물가로는 무척 싼 편이다.

세이셸 세 섬 중에서 가장 아름답기로 소문난 라디그 섬 안세 해변으로 가면 1억 5천 년 이전에 바닷속에서 솟으며 형성된 빗살무늬의 화강암이 해변을 수놓았다. 처음 보는 신비로운 기암괴석의 풍경에 입을 다물지 못할 정도이고 듣던 대로 왜 라디그 섬이 환상적인 해변인지를 알 수 있다.

안세 해변으로 가는 길에는 알다브라 자이언트 거북이가 서식하고 있다. 세이셸에서 멀리 떨어진 알다브라 제도라는 곳에서 서식했는데 여행자들을 위해 라디그 섬에 일부를 서식한 거다. 세계에서 가장 큰 거북이라 자이언트라는 이름이 생겨났고 무려 길게는 250년까지 산다.

라디그를 둘러싸고 있는 해변은 모든 곳이 화려한 빗살무늬 바위로 여행자가 가장 길게 머무는 곳으로 나도 6일이나 머문 후 마헤 섬으로 돌아갔다. 신비롭고 사랑스러운 아름다움을 지닌 세이셸 여행, 두고두고 좋은 추억으로 간직하고 돌아갈 것이다.

다시, 길 위에 서다

Stage03

길을 잃어도
좋은 곳

신이 내린 선물, 조지아

한국에서는 어디에 있는 곳인지조차 들어본 적 없는 나라, 조지아를 이야기하면 미국 조지아주냐고 되묻기도 한다. 오래전 EBS 다큐멘터리 세계테마기행을 즐겨 보다 그루지야 편을 보게 됐는데 다 보고 나서 꼭 가야겠다고 생각했다. 눈이 3m나 쌓인 길을 차로 들어가는 장면도 무척 신기했고, 그루지야의 건물들도 독특했다.

세계여행을 시작할 때 다른 나라들은 몰라도 그루지야는 꼭 가겠다는 생각을 했다. 오래전에는 국명이 러시아어로 그루지야였지만, 지금은 국명이 영어인 조지아로 바뀌었다.
세이셸에서 조지아행 비행기를 예매하고 두바이를 거쳐 조지아에 도착했다. 한국인은 360일 비자 없이 조지아에 머물 수 있는데 공항에 내려 입국 절차도 무척 간단했다. 여권 받아서 바로 도장 찍어주고 끝이다. 처음부터 출입국 스태프의 인상이 너무 좋고 선해 보여서 맘에 들었고, 왠지 사람들이 좋을 것 같은 상상을 했다.

공항에서 나와 트빌리시 시내로 가는 버스를 타고 예약해놓은 숙소 근처까지는 갔다. 정확한 위치를 몰라 길가에서 사람들에게 물어봤지만 아무도 아는 사람이 없었고 경찰에게 물어봐도 게스트하우스를 몰랐다.
공항에서 휴대폰을 개통해서 숙소에 전화해 다행히 나를 데리러 나와 숙소로 갔고, 숙소는 일반 집이어서 오히려 아늑했고 여행자들로 가득했다. 짐을 풀고 머무는 여행자들과 인사를 했다.

느닷없이 좋은 인연이 다가왔다

혼자 하는 여행이 정말 좋은 건 새로운 인연을 많이 만나는 거다. 다른 여행자와 만나 각자 살아온 게 달라서 할 얘기도 많고 얘기하다 보면 어느새 친한 친구가 되어있다.

조지아는 아직 추워서 숙소에서 계속 머무는데 캘리포니아에서 온 알멘과 세이나가 내게 계속 먹을 걸 챙겨준다. 이것저것 먹으라고 때마다 챙겨줘서 그 커플에게 정감이 갔고 이런 좋은 친구들을 만나서 내가 인복이 많다는 생각이 든다. 지금까지 내가 만난 여행자들은 어느 나라든 날 챙겨줬고 지금도 그런 여행자와 함께 방을 쓴다.

어느 날 아침 세이나가 아르메니아 가냐고 물어봐서 '조지아 여행 마치면 갈꺼야'라고 했더니 내일 모레 우리와 아르메니아 같이 가자고 했고, 마침내 위층 침대 쓰는 8년째 여행 중인 영국 남자 조스도 같이 가기로 했다.

3명의 친구와 조스 캠핑카를 타고 아르메니아로 가는 나는 엄청 행복한 여행자다. 조지아에서 아르메니아 국경에 도착해 조스는 차 확인과 검사를 받아야 해서 알멘하고 세이나랑 먼저 입국 절차를 밟는데, 미국인은 무비자고 한국인인 나는 약간의 수수료를 내면 현장에서 비자가 나와 무척 편했다.

입국 밟는 아르메니아 스태프는 한국인이 우리나라를 찾아줘서 너무 고맙고 좋은 여행 하라고 하는데 아르메니아인들이 한국인에 대한 인식이 정말 좋아서 기분이 달콤했다.

국경을 넘어 멀지 않은 곳에 있는 오지 같은 깊은 산 속 아트칼라 수도원에 도착해 바로 앞 가게에서 저녁거리를 사 차 안에서 먹고 있는데 좀 전에 가게에서 만났던 마을 아줌마가 우리 집으로 가자면서 우리를 모두 데리고 갔다.

들어가자마자 아줌마는 우리가 먹을 음식을 한 상 가득 차려냈고, 아줌마 남편 아저씨는 독한 아르메니아 하우스 코냑으로 저녁상을 더 살찌게 만들었다.

아줌마는 알라이고, 남편 아저씨는 헤너리크다. 다 같이 한 상을 차지하고 저녁을 먹으며 이야기를 나누는데 아줌마랑 아저씨가 하는 짓이 부부가 아니라 연인이다. 부비부비하고 뽀뽀하고 20살에 결혼한 부부가 아직도 예전처럼 지내는 모습이 너무 사랑스러워 보인다. 나도 저 나이에 저렇게 살 수 있을까? 알라 아줌마는 마치 우리 엄마같이 음식을 내 입에 넣어주고 아저씨는 그 독한 코냑을 계속 권했다.

조스는 술을 못 마시는데도 아저씨가 계속 권해 할 수 없이 한 잔을 마셨다. 아르메니아는 방에 나무를 때는 난로로 겨울을 난방한다. 알멘과 세이나가 나는 아저씨와 안방에서 따뜻하게 자라고 하고 둘은 그 추운 마루에서 잤다. 정말 내 생각을 이렇게 많이 해 주는 친구가 옆에 있다는 것, 무엇과도 바꿀 수 없는 좋은 인연이다.

조지아에 온 지 얼마 안 되어 이런 친구들과 시간을 함께하고 있어 마냥 좋은 여행이다. 다음날, 일어나자마자 아줌마가 커피와 아침을 챙겨주는데 대가를 바라고 집에 데리고 온 게 아니라 이곳을 찾은 여행자들에게 뭔가 해주고 싶어서 하는 일이라서 모든 게 고맙고 또 고마웠다. 우리처럼 이렇게 아줌마 집에서 지내고 간 여행자들이 20명이 넘는다며 메모해놓은 것들과 여행자가 돌아가서 보낸 메일도 보여줬다. 정말 사랑스러운 분들을 아르메니아에서 만난 건 행운도 너무 큰 행운을 선물로 받은 거고, 이곳은 평생 잊지 못할 소중한 추억을 내게 준 곳이다.

다 같이 천오백 년이 넘은 아트칼라 성당으로 예배드리러 갔다. 성당의 바깥 모습은 지금까지 고스란히 지켜온 흔적이 예술작품처럼 보였고, 안으로 들어가면 끝없이 높은 천장과 벽에 오랜 시간이 지남을 알려주는 흐릿흐릿해진 코스프레가 가득 차 있었다.

아저씨는 내게 마을 앞 광산에서 채취하는 금 돌덩어리 3개를 건네줬고, 아줌마는 나를 떠나는 아들처럼 꼭 안아줬다. 내가 만나보지 못한 천사 같은 아줌마 아저씨와 헤어지는데 살짝 뭉클했다.

다시, 길 위에 서다

아르메니아 수도 예레반으로 출발했다. 바다가 없는 아르메니아에서 바다 역할을 하는 큰 호수 세반호를 따라 달려 아르메니아 중세에 세워진 노라터스 묘지에 도착했다. 다양하게 지어진 묘를 둘러보고 바로 묘에 쌓인 눈으로 눈싸움을 시작했다. 눈싸움해 본 적이 언제인지 기억이 가물가물한데 참 오랜만에 아이들처럼 눈 꽁꽁 뭉쳐 눈싸움하는 게 그렇게 즐거울 수가 없다.

다시 예레반으로 가 숙소를 알아보려고 하는데, 알멘이 한 아파트로 데려가서 보니 아버지가 이곳에서 하는 사업이 있어 알멘과 같이 지내는 곳이다. 조스와 나는 크고 좋은 아파트에서 지내게 됐고 자는 것과 먹는 것을 돈 한 푼 안 쓰고 아르메니아 여행을 하게 돼서 하늘을 나는 기분이었다.
모처럼 도미토리가 아닌 푹신한 침대에서 지낼 수 있어 잠도 잘 잘 것 같았다. 조스와 나는 이곳에서 지내고 알멘과 세이나는 세이나 숙소로 가서 지내기로 했는데 매일 아파트에 찾아와 같이 밥 먹고 이야기하며 시간을 즐겼다.
알멘 아버지는 내가 작은 자전거로 티베트 차마고도와 히말라야를 완주한 걸 대단하게 생각해서 그 얘기를 듣고 싶다고 해 여행 이야기를 차곡차곡 늦은 밤까지 해드렸다. 노트북을 펼쳐 구글맵을 켜고 여행한 경로가 표신 된 걸 아버지에게 설명하면서 많은 사진을 보여주니 감동하셨고 어떻게 그런 어려운 일을 해냈는지 대단하다고 칭찬이 자자하셨다.

아르메니아에서 어디 어디를 다녔는지에 대한 이야기보다 내가 만난 천사 같은 사람들의 이야기가 더 행복하고 감동적이라 글은 자꾸 사람들의 이야기로 쓰인다. 내가 하는 여행에는 언제나 좋은 사람들 이야기로 가득한데 알려주고 싶어서다. 지치고 힘들게 하루하루 살아가는 내 친구와 동료 지인들에게 천사 같은 사람들과 함께 한 이야기를 들려주고 싶다.

조지아 수도 트빌리시

내가 묵는 숙소는 올드 트빌리시라고 불리는 오래된 곳이라 숙소 주변에는 천 년이 넘는 성당과 유적들이 많아 볼 곳들이 가득했다. 숙소 바로 뒤에는 나리칼라 포트리스(요새)가 있고 요새 안에는 천오백 년에 지어진 성당이 있다. 주변국의 수많은 침략으로 파괴된 성당은 새로 지어 나리칼라 포트리스 요새와는 다른 느낌이다.

트빌리시 시내에는 많은 성당이 있는데 대부분 천 년 전 지어진 건물이라 다 고풍스럽고 디자인도 웅장하다. 오래전 건축물인데 지금까지 그 모습이 고스란히 남아 있는 게 신비롭다.

길을 걷다 보면 슈퍼마켓보다 와인 샵이 더 많을 정도인데 조지아 와인의 역사는 무려 8천 년을 자랑한다. 세계 최초로 와인을 만들기 시작했고, 8천 년 동안 계속 맛이 개발돼서 품질도 세계 최고다. 한국에서 마셨던 프랑스나 칠레 와인과는 비교가 안 된다.

가격이 정말 저렴해 와인 샵에 가면 괜찮은 품질의 750mL 와인이 우리 돈 6천 원이라 매일같이 저녁마다 와인을 사서 숙소에서 마실 정도였다. 물가도 우리나라보다 거의 10배는 싼 나라라서 재래시장에 가서 채소와 쌀을 사와 숙소 주방에서 음식을 만들어 먹었다.

가끔 조지아 음식들도 먹어야 하니까 식당으로 가 조지아 음식을 사 먹기도 했다. 저렴해서 부담도 없고, 음식들은 맛있으면서 내 입에 딱 맞았는 데 케밥은 정말 일품이다. 조금씩 조지아에 적응이 되면서 정말 좋은 나라라는 걸 알게 되었고 조지아로 여행을 온 게 마냥 행복하고 좋았다.

신이 보내준 사람

조지아는 천 년 이상 아직도 그 자리를 지키며 사는 신비롭고 한없이 아름다운 오지 마을이 많은 나라다. 트빌리시 기차역에 도착해 죽디디라는 곳으로 가는 열차표를 샀다. 열차를 기다리는 동안 역 안에 있는 조지아 인들은 나를 보고 밝은 미소로 반겨줬다. 항상 얼굴에 미소가 가득한 조지아 인들은 손님은 신이 보낸 사람이라고 믿어 여행자들을 보면 눈인사도 하고 말도 걸어준다. 기차가 올 때까지 이런저런 이야기를 했고 나는 조지아가 너무 좋다고 했다.

기차에 올라 5시간 정도 달려 죽디디 역에 도착해 예약해 놓은 숙소로 갔는데, 숙소가 없어 마을 사람들에게 물어보니 다른 곳으로 옮겨갔다고 해서 다시 시내로 나와 중학생쯤으로 보이는 아이들에게 물어봤다. 모른다고 해서 결국 숙소에 전화해서 내가 있는 곳을 알려주고 와달라고 했더니 얼마 지나지 않아 도착해서 숙소 밴을 타고 숙소에 도착했다.
2층에 있는 아주 큰 방은 12개의 이층 침대가 양쪽으로 있는데도 공간이 무척 넓어 좋았다. 숙소에는 여러 나라의 여행자들이 묵고 있었고 인도, 이란, 유럽 등지에서 왔는데 모두 조지아의 아름다움에 빠져 이곳을 여행지로 선택했다고 한다.

하루를 묵고 다음 날 아침 숙소에서 알려준 마슈트카라고 부르는 미니버스를 타고 메스티아로 향했다. 좌석이 꽉 차 작은 보조의자에 앉아 가느라 무척 힘들고 불편했지만, 창밖의 풍경들이 너무나 예뻐서 엉덩이가 아픈 것도 모르고 창밖을 내다봤다. 산길이라 다 꼬불꼬불 한 도로라서 속도를 낮춰 달리느라 메스티아에 도착하는 시간이 한참 걸렸다.
메스티아에 도착하자마자 미니버스 기사가 괜찮은 숙소를 소개해 주겠다며 차로 숙소 앞까지 데려다줬고 들어가 보니 기사 말대로 좋았다. 하루 묵고 내일 아침 우쉬굴리로 갈 생각인데 숙소 여행자들이 길이 안 좋고 흙탕물도 많아 자전거로는 못 올라갈 거라 말했다. 그들은 지프로 우쉬굴리를 다녀왔다고 했다. 그래도 자전거로 가는 걸 선택했다.

어려울 때 언제나 도움을 주는 손길

아침에 자전거로 우쉬굴리로 올라가는데 포장도로는 바로 끝나고 비포장 길이 시작됐는데 정말 진흙탕 길이었다. 그나마 마른 곳으로 가서 오르막을 오르자마자 갑자기 천둥이 치더니 폭우가 쏟아지기 시작했고 어느새 비옷 안으로 물이 다 들어와서 옷과 몸이 다 젖었고 손가락도 젖어 끊어지는 듯 고통스럽게 아파져 더 갈 수 없었다.

다시 숙소로 돌아갔지만, 이미 다른 여행자들로 다 차서 방이 없다고 해서 난감해하는데 저쪽에 5라리 방이 있으니까 그쪽에 묵으라고 해서 가봤더니 헛간 같은 더러운 곳에 침대가 두 개 놓여 있는데 여행자 한 명이 왼쪽 침대에서 잠을 자고 있었다.

오른쪽 침대를 써야 하는데 이불이 너무 더럽고 추워 침낭이 없으면 안 될 상황이어서 젖은 옷을 갈아입고 침낭을 펴고 앉아 비가 그치길 기다렸다. 다른 숙소를 부킹닷컴에서 찾아보고, 한참 동안 지루한 시간이 지나 비가 그쳐 마을 중심가로 가 알아봤던 숙소를 찾아보는데 어디에 있는지 찾을 수가 없어 전화하니 받지를 않는데 엎친 데 덮친 격으로 자전거가 펑크 나버렸다. 일이 안 풀리기 시작하면서 마치 다람쥐 쳇바퀴에 갇힌 것처럼 빠져나오지 못하는 느낌이다.

자전거를 끌고 걸어가는데 한 건물에 Guest House라 쓰여있는 걸 보고 건물 1층에 있는 가게로 가 몇 층으로 올라가야 하느냐고 할머니에게 물어보니 2층으로 올라가라고 한다. 자전거를 들고 2층으로 올라가 내가 묵을 방을 소개받고 짐을 풀고 바로 자전거 수리를 시작해야 하는데 손이 얼어 움직이지 않아 작업이 안 된다. 이럴 때는 참 서럽다는 생각도 들고, 혼자 여행해서 누가 도와줄 상황도 안 되는데 문제가 생기고 해결이 안 되는 슬픈 현실에 여행이 늘 아름다운 순간만 있는 건 아니라는 걸 깨닫는다. 정신을 가다듬고 언 손을 비비며 간신히 수리를 마쳤다.

흙탕물이 튀어 지저분한 옷도 욕실에서 빨아 방 라디에이터에 올려 말리고, 침대에 누워 내일 날씨가 어떨지 걱정하고 있는데 내 방문을 두드려서 열어보니 큰딸이 커피 마시라고 해서 주방으로 갔다. 주방엔 집주인의 손님들이 저녁 식사를 기다리고 있었고 집주인 바호는 같이 저녁을 먹자고 해서 아내 라티나는 우리를 위해 저녁을 준비했다. 라티나는 학교 역사 선생님이고 다른 두 분도 생물 선생님과 수학 선생님이다. 선생님이 모두 영어를 해서 대화를 하고 좀 더 어려운 내용은 큰딸이 통역을 해주며 내게 궁금한 걸 물어보고 대답했다.

나와 나이가 같은 마흔 살 바흐와 아내 라티나는 4명의 아이를 키우는데 얼마나 착하고 말을 잘 듣는지 부모님이 시키는 심부름을 그렇게 척척 잘할 수가 없다. 생각지 않게 공짜 저녁을 먹게 되고 조지아 사람이 사는 모습을 볼 수 있어 행복했다. 큰딸에게 중학생인지 고등학생인지 물었더니 조지아 학교는 12년제라 초등학교, 중학교, 고등학교 개념이 없다고 했다. 입학하면 한 학교에서 12년을 공부하고 11학년부터는 전공 공부가 시작되어 본인이 전공하고 싶은 과목을 선택해 공부한다고 한다.

우리나라의 전문대학교 과정 같은 클래스가 한 학교에서 모든 과정을 거쳐 졸업한다. 우리는 좋은 학교를 보내기 위해 사교육에 모든 돈을 쏟아붓고 사는 것도 힘들어 한숨만 쉬는데 이곳은 12년제 모든 교육이 무상 교육이다.

학교 선생님과 학부모와 식사를 하며 나눈 이야기들은 많은 것을 느끼게 했고, 다른 곳에서 느끼지 못한 색다른 여행을 하는 건 확실하다.

여행자를 반겨주고 무언가를 나눠주고 싶어 하는 조지아인들에게서 진정한 정이 무언지를 배운다. 이렇게 만난 게 정말 반가웠고 좋은 시간을 보내서 행복했고 저녁을 마치고 인사하고 헤어졌다.

다음 날 아침, 차 마시러 들어간 주방에서 라티나가 아침을 듬뿍 챙겨줬다. 어제 저녁도 매우 고마웠는데 자전거로 우쉬굴리로 간다는 게 걱정이 되었나 보다. 게스트하우스에서 돈 벌 생각을 하는 게 아니라 누군가에게 베풀어줄 마음을 가진 조지아 사람들은 누군가를 도와줬다는 것에 행복함을 느끼며 돈에 얽매이지 않고 산다.

여행의 가장 큰 목표였던 다른 세상 사람들이 사는 모습을 보고 듣고 싶은 것들을 들으며 원했던 것을 이룰 수 있어 한없이 기쁘고 행복했다.

우쉬굴리, 너를 만나러 간다

밤새 쏟아지는 빗소리에 잠도 설치고 오늘 출발 못 하면 어떡하느냐는 걱정도 있었다. 다행히 아침에 비는 그쳐 우쉬굴리로 출발했다. 메스티아에서 우쉬굴리까지는 46km, 길이 험해 지프도 4시간이 넘게 걸린다고 하는데 어제 비로 도로가 진흙탕으로 되어 힘든 상황이 되었다.

티베트와 히말라야 무스탕에서 이곳보다 더 혹독한 길을 달렸다는 자신감으로 페달을 밟으며 자전거 여행자도 가지 않는 길을 자전거로 올라갔다. 비포장 길은 이곳저곳에 물이 고여 진흙탕 범벅이지만, 잘 피해 가며 갔다.

우쉬굴리로 가는 길은 구글맵에도 나오지 않아서 두 갈래 갈림길에서 지나가는 트럭을 세워 어느 쪽 길로 가야 하는지 물어보고 다시 갔다. 길옆의 아름다운 풍경들이 펼쳐져 있어 느끼며 가야 하는데 빨리 달렸다. 반복되는 진흙탕 오르막길로 오르는데 다시 비는 살짝 내리고 멈출 수는 없어 시간이 얼마나 걸릴지는 모르지만, 오늘 갈 수 있을 만큼만 가자고 마음먹었다. 한참을 달려 올라갔는데 길은 다시 두 갈래로 갈려있어 한참을 기다렸는데 메스티아로 나가는 지프가 오길래 세워 우쉬굴리로 가는 방향을 물어보고 그 방향으로 갔다.

점점 더 마을 풍경은 매력적이고, 사람들은 작은 자전거를 타고 온 나를 반겨주고, 아이들과 강아지도 나를 반겨줬다. 산에서 내려오는 물로 길에는 물이 가득 차 있기도 해 물 없는 곳으로 자전거를 끌고 가기도 하고, 한참을 오르면 힘든 곳이 나오다가도 편한 길이 시작되고 예쁜 풍경이 나를 반겨준다. 그러다 또 난감하고 힘든 길을 만나기도 하는데 사는 것도 그렇다. 언제나 평지를 걸어가는 것처럼 평온하지는 않다. 때로는 혹독할 때도 있고 한없이 아름다울 수 있는 게 삶과 길이 같다.

메스티아에서 우쉬굴리까지 가는 길에 마을은 있지만, 식당은커녕 작은 슈퍼도 보이지 않는다. 비상으로 챙겨온 빵도 다 먹고 달랑 하나 남았지만, 8km만 더 가면 우쉬굴리에 도착한다고 마을 아저씨가 알려줬다. 이틀 걸리겠다고 했던 예상과 다르게 하루 만에 우쉬굴리에 도착했다. 멋들어진 설산과 구름이 나를 반겨줘 제일 먼저 땅에 키스했다. 신성한 곳에 왔으니 이 땅에 감사드리기 위함이다.

이곳까지 올라오느라 생긴 투혼의 흔적들, 눈 앞에 펼쳐진 신들의 언덕, 우쉬굴리를 바라보고 있노라면 고귀함 그 자체이고 웅장함이 배인 감동적인 마을 풍경이다.

다시, 길 위에 서다

다시, 길 위에 서다

전봇대에 걸려있는 게스트하우스에 전화하고 있는데 어린 여자아이가 날 불렀다. 전화를 한 곳은 방과 하루 식사에 45라리인데 아이의 집은 40라리라고 해서 아이를 따라갔다. 그곳은 게스트하우스가 아니고 스바네티 탑이 있는 홈스테이 가정집이다.
조지아어로는 '꼬쉬키'라 부른다고 알려줬고, 이런 역사 깊은 곳에서 지내는 것도 좋은 경험이 될 것 같아 아이네 집으로 온 걸 잘한 것 같다.

현관이며 방이며 자물쇠라고는 찾아볼 수 없고 나무 조각을 달아 움직여 잠그는 수준에 내가 묵을 방은 잠금장치는커녕 문이 닫히지도 않아 의자로 막아놔야 했다. 그래도 오늘은 우쉬굴리에 사는 사람들과 밥도 먹고 잠잘 거라 많이 설레고 기대도 많이 된다.

거실에는 예수의 그림이 종류별로 걸려 있는데, 모든 유럽의 예수 사진은 지금 걸린 것과 같다. 우리나라 예수 사진은 사실적으로 표현되어 있는데 유럽의 예수 사진이 더 부드럽고 귀여운 느낌이다.

아래층으로 내려가면 주방에 고기가 통으로 있고 필요할 때마다 부분만 잘라 요리한다. 나무를 때는 화덕은 티베트에서 본 것과 너무 흡사하고 고산에서 사느라 가스나 기름을 구하지 못해 화덕에 나무를 떼 음식을 만드는 방식이다.

올해로 35살인 엄마 나니는 저녁 준비가 한창이다. 처차리츠 사라타, 모하르, 오스트르치즈가 들어간 빵 하차뿌리와 샐러드, 오이, 고기와 조지안 소스로 식탁에 음식이 가득 찼고 게다가 조지아 와인과 차차 두 가지 술을 곁들이면 저녁상은 그만이다.

집집이 제각각 맛이 달라서 홈스테이로 머물 때마다 다양한 차차와 하우스 와인을 맛볼 수 있다는 게 조지아 여행에서만 느낄 수 있는 재미다. 오늘 이곳까지 올라온다고 쌓인 피로가 와인과 코냑, 맛있는 음식으로 사르르 녹는다. 이런 기분은 경험을 해봐야 알 수 있는 기분이다.

천사같은 사람들

해발 2,410m의 대 코카서스 산맥 기슭에 있는 우쉬굴리는 3개의 마을이 형성되어 있고, 200명 정도가 거주하는 곳으로 아이들이 다니는 작은 학교가 하나 있다. 눈으로 덮여있는 기간은 무려 6개월이나 되고 다큐멘터리 Svanetia 소금이 이곳에서 촬영됐단다. 마을 가득 우뚝 서 있는 탑은 스바네티 탑으로 9세기경에 지어진 건물로 뒷산 너머 러시아의 침략을 방어하기 위해 만든 중요한 탑이다. 정부에서 만들어 준 것도 아니고 그 오랜 옛날 마을 사람들이 힘을 합쳐 전쟁에 대비해 만든 소중한 탑으로 전쟁이 나면 탑 안에 중요한 물건들과 아이들, 여자들을 숨기는 장소다. 천 년이 넘는 긴 시간동안 옛날 모습을 고스란히 간직하고 지금까지 지켜오고 있다.

상상할 수 없는 삶을 살아온 이곳 사람들과 건물들을 보고 있자니 내가 살던 곳에서는 전혀 느낄 수 없는 고귀한 향이 느껴지고, 말할 수 없을 만큼 감동적이다. 천 년을 넘게 이곳에서 조상들부터 지금의 후손까지 자리를 지키며 수천 세대가 바뀌어도 그 모습 그대로 산다는 게 너무나 대단할 뿐이다.

점심때가 돼서 가게가 있는지 찾다가 카페 안내판이 보여 그쪽으로 걸어가고 있는데 작은 교회에 마을 어르신들이 둘러앉아 이야기를 나누다가 내가 걸어가는 걸 보고 손짓하며 오라고 한다. 올라가자마자 맥주부터 따라줬는데 마시자마자 맥주병 밑동을 잘라 만든 잔에 또 다른 맥주를 부어 줘서 안 마실 수가 없다. 맥주가 정말 진해서 맛있고 종류마다 다 다른 맛이다.

해외 출장 때 각 나라의 맥주를 많이 마시다가 귀국해서 먹었던 호프집 생맥주가 얼마나 맛없고 이상한지를 절실히 깨달은 적이 있다. 500만 명이 사는 조지아는 와인은 수백 가지나 되고 맥주도 20가지가 넘고 맛이 다 다르다. 어르신들이 한 명씩 따라줘서 몇 잔을 마셨는지 모를 정도다.

비경이 가득 둘러싸고 있는 훌륭한 역사를 지닌 곳에서 어르신과 함께 있다는 게 믿기지 않을 정도였고 잊지 못할 아름다운 추억을 만들어서 행복하다. 천 년 넘게 침략을 받았어도 기꺼이 막아내며 산 사람들이 너무나 선하고 착해서 놀라울 뿐이다. 조지아인들은 강을 건너 온 사람은 신이 보내준 사람이라는 믿음이 있어 할 수 있는 모든 대접을 손님에게 한다.

두 나라로 갈라져 있는 우리나라의 상황을 너무나 정확하게 알고 있다는 것에도 놀랐
다. 그래서 나를 만난걸 너무나 반겼고 해줄 수 있는 만큼 다 해 준거다.
어르신들과 행복한 시간을 보내고 얼큰해져 숙소로 돌아가는 길에 본 풍경은 꿈속에서
나 볼 만큼 경이롭고 아름다워 입을 다물지 못했다. 마을을 보호해 주고 있는 듯한 시
카라 산은 구름이 걷히면서 본 모습을 드러냈는데 보고 있어도 보고 싶을 정도로 감탄
을 자아냈고, 마을과 어우러진 산은 정말 어디에서도 볼 수 없는 환상적인 장관이었다.
이곳에 여행을 왔다는 건 하늘의 축복이다.

길을 잃어도 좋은 곳

자전거로 여행지를 다닐 때는 항상 이어폰으로 음악을 듣는데 음악에 푹 빠져서 달리다 보면 가야 할 길에서 한참을 지나버려 어디로 가야 하는지, 다시 돌아가야 하는지, 새로운 길로 가야 하는지 결정이 안 된다. 가면 되겠지 하고 그냥 달리는 거다.

길을 잘못 들어 천국 같은 마을 옥톰베리라는 곳에 도착했는데 사랑스런 아이를 꼭 안고 있는 할아버지가 집에 가서 커피 한 잔 하자고 해서 집으로 따라 들어갔는데 마당이 정원이었다. 녹음이 가득한 잔디가 넓게 퍼져 있고 화사한 꽃도 피어있는 정원에는 예쁜 나무들이 담 대신 서 있는 집이다. 느긋하게 꽃밭에 앉아 있는 강아지도 평화로운 집 풍경, 집 뒤로는 끝이 안 보이는 곳까지 과수원이다.

커피 한잔하려고 들어간 주방 식탁에는 먹을거리가 한가득 올려져 있고 조지아 코냑 차차와 잔까지 있다. 조지아 집집이 만드는 치즈도 보였다. 세상에서 가장 깨끗한 자연을 가진 나라 조지아에서는 세계 최고의 우유를 생산하고 요구르트와 치즈를 만드는데 세상에서 가장 맛있다. 사료와 비료, 농약이 없는 나라 조지아! 모든 가축은 방목되고 모든 과일과 채소는 다 알아서 자란다. 조지아에서 생산되는 모든 게 다 유기농이고 심지어 수돗물은 생수보다 더 깨끗해서 모든 집이 그냥 마신다.

치즈를 보고 너무 먹고 싶었는데, 하우스 치즈를 먹게 됐다. 아침을 먹으며 할아버지가 차차를 얼마나 권하시던지 주시는 거 다 받아 마셔서 해롱해롱 술에 취해 버렸다. 삼대가 함께 모여 사는 집이라 더 화목하고 선해진다.

할아버지네에서 뒷마당으로 한참을 걸어가면 말이 쉬는 넓은 공터가 나오고, 과수원을 한참 걸어가고 나서야 옆집이 나왔다. 너무 순하게 생긴 마을 사람들, 모두가 기독교 신자라서 천사 같은 마음으로 산다.

만날 때마다 항상 얼굴에 미소가 가득한 사람들. 내가 왔다고 마을 사람들 불러서 다 같이 술자리가 만들어졌고, 다시 조지아 코냑 파티가 열렸다. 온종일 차차 먹어서 술에 취한 날이다. 가고 싶었던 곳은 못 갔지만, 이곳에서 오늘 정말 재밌게 놀아서 그만이다. 마을 사람들과 즐겁게 지내고 가려는데 자전거가 펑크 나서 할아버지가 바람을 넣는데 안 들어간다. 결국 포기하고 할아버지와 마슈르카 타는 곳까지 같이 가서 차 타는 것까지 챙겨주고, 차가 출발하자 집으로 가셨는데 정말 고마운 분들을 만난 날이다. 죽디디로 가는 차 안에서 취해 잠들었다. 사랑스러운 나라 조지아.

오지마을 오말로에 가다

쉽지 않지만, 꼭 한번 가보고 싶은 오지 마을이 있다. 계속 가기 어려운 곳을 찾아 헤매는 것은 남들 발자국이 닿지 않은 곳을 내가 먼저 밟아보고 싶다는 마음이 커서다. 체첸과 맞닿아 있는 오지마을 오말로, 디클로, 다틀로 세 마을에 들어가고 싶어서 트빌리시에서 차로 텔라비라는 도시로 가서 숙소를 찾아가 계속 머무르며 나와 같은 경로로 갈 여행자가 오기를 손꼽아 기다린다.

텔라비는 내가 갈 도시들의 시작 도시라 모두 이곳에서 출발하는데 여행자가 올 때까지 마냥 기다려야 하는 게 좀 지루하기도 하다. 하루 이틀 사흘 나흘 닷새동안 아무도 오지 않았다.

길이 험해 지프로 4명이 타야 갈 수 있는데 기다려도 안 온다. 못 들어가는 걸까. 안 되는 걸까. 숙소 아줌마가 나를 불렀다. 세나코에 사는 아저씨가 일이 있어 텔라비 왔다가 내일 아침 다시 돌아가니까 그 지프 타고 들어가면 될 거라고 했다. 다행이다. 어떻게든 들어갈 방법이 생겼으니까.

다음 날 아침 먹고 숙소 앞에서 자전거를 차 지붕에 묶고 지프에 타고 출발했다. 고산으로 진입했고 구름이 산을 덮어 비까지 오는 상황 5m 앞도 안 보이는 상황에서 차는 달려야 한다. 오늘 안에는 도착해야 하니까.

비포장길 옆은 아래로 200m 정도, 90도 정도 경사의 낭떠러지. 구름과 비를 뚫고 4시간 정도 달렸을까 첫 마을 오말로에 무사히 도착했다. 차에서 내린 후 비가 와서 질퍽한 길로 마을에 들어가니 큰 숙소가 눈에 들어왔고 방을 잡았다. 손님은 달랑 나 한 명, 오늘 이곳을 찾은 여행자는 나 하나뿐이다. 그렇게 아무도 오지 않는 오지 중의 오지 마을로 들어온 거다.

그림 같은 오말로의 아침 풍경

일찍 자서 그런지 새벽에 눈이 떠졌다. 전기가 들어오지 않는 곳이라 태양열로 충전해서 하루 4시간 정도 전기를 쓸 수 있는 환경이다. 그렇지만 너무 예쁘고 아름답고 깨끗한 곳이라서 모든 걸 참아낼 수 있었다.

깊은 산 속 아침 구름이 움직이기 시작하면서 무슨 일이 벌어질 것 같은 예감이 들어서 아침 공기가 찬데도 카메라를 들고나와 기다렸다. 두 시간이 지났을까 날이 서서히 밝아지면서 묘한 분위기가 만들어져서 카메라를 들어 촬영을 시작했다. 안개가 아닌 구름이 오말로 마을을 덮기 시작했고, 반대편 산자락의 작은 마을도 마치 구렁이가 넘어가듯 구름이 산을 넘어가고 있다. 너무 예쁘고 아름답고 신비로운 풍경이 카메라에 담겼다.

이곳엔 나만 있으며 이런 그림 같은 풍경은 지금 아니면 생길 수 있는 날이 더는 없을 거라는 생각이다. 좋은 사진은 잘 찍어야 하는 것도 있지만, 운도 따라주면 좋은 사진이 나온다. 찰나의 순간, 셔터를 누를 때의 쾌감. 그래서 사진을 좋아하고 사진작가 되는 거다. 여행은 사진을 어떻게 찍느냐도 무척 중요하다. 카메라값을 어떻게 주느냐에 따라 똑같은 그림도 다르게 그려진다.

아침 먹고 밖으로 나가 오말로의 평화로운 풍경을 다시 담는다. 전기도 안 들어오는 데다 높은 산자락에서 물은 어떻게 기르는지도 모르는 작은 마을에 사는 사람이 누구일까도 궁금하다. 너무나 평화로운 마을 오말로, 이곳이 지상낙원이 아닐까?

동화 속 풍경의 세나코, 디클로, 디탈로

오말로에서 더 깊숙한 곳으로 들어가면 세나코라 불리는 아주 작은 마을이 나오는데
텔라비에서 타고 온 지프 기사 아저씨가 사는 마을이다. 이곳을 들어오는 여행자가 거
의 없을 정도로 많이 찾는 여행지가 아니다. 가끔 들어오는 여행자는 말을 타고 들어오
거나 지프로 들어오는데, 나는 험한 길을 자전거로 달려 세나코에 도착했다.
삼각형의 산마루에 듬성듬성 집들이 들어서 있는 풍경은 마치 동화 속 그림 같고 디자
이너가 그린다고 해도 못 그릴 정도로 자연이 만들어낸 아름다운 풍경을 지닌 곳이다.
정말 신기한 건, 조지아 어디를 가든 초원과 산의 모든 곳이 꽃밭이다. 세나코 마을을
둘러싸고 있는 산 전체도 꽃밭이고 방목된 소들도 꽃밭에서 풀을 뜯는다.

어디에서도 쉽게 볼 수 없는 아름다운 마을, 세나코를 지나 한참을 굽이굽이 오르막길을 달려 더 들어가면 디클로라는 마을이 나오는데 전기조차 들어오지 않는 곳이다. 전봇대나 전깃줄이 보이지 않았고, 근처에 냇가도 없어 물은 어디서 기르는지도 몹시 궁금했지만, 마을 안으로 들어가도 사람들이 보이지 않았다.

다들 일하러 다른 곳으로 나갔는지 이곳 사람들을 만날 수 없어서 아쉬웠다. 이런 깊은 산 속 오지에서 아직도 사는 이유도 궁금했다. 도시로 나가서 살 수도 있는데 이곳에서 사는 건 한없이 아름다운 곳이라 조용하게 옹기종기 살고 싶어 남아 있을 수도 있을 것 같다.

다음날, 아주 깊숙한 곳에 있는 디탈로를 들어가는 데 반나절이나 걸렸다. 가는 길에 보이는 풍경들도 마치 천국에서나 있을 듯한 그림 같았다. 산 중턱에 작은 마을도 전기가 들어오지 않는데 마찬가지로 어떻게 사는지 궁금했다. 다음 고개를 넘을 때 그 이유를 알게 됐다.

이곳에서는 양 떼를 방목해서 생계를 유지해 나가는 것 같았고, 가파른 산자락에서 양 떼가 풀을 뜯는 모습이 위험해 보이지만, 멋진 풍경을 봤다. 디탈로 마을에 도착했는데 비탈진 산자락에 마을이 형성되어 있고 다행히 마을 사람들을 만나서 이야기할 수 있었다.

24살 마리암과 26살 나티아는 2명의 아이를 낳아 키우며 이 마을에서 살고 있다. 얼굴에서 미소가 가득한 두 여자는 너무 편안한 느낌이 들고, 아이들도 예뻤다. 집에 초대해 조지아 커피와 점심을 차려줄 정도로 선한 사람들이다. 조지아 어디를 가든 손님을 챙겨주는 사람들, 317년 국교를 기독교로 받아들여 모두가 신자이고 천사처럼 착하다.

조지아 여행은 지금까지 여행한 나라 중 가장 행복한 시간으로 채워졌다. 가장 아름다운 풍경과 그 속에서 선하고 아름답게 사는 사람들을 만난 행운에 감사하다. 잊지 못할 추억으로 내 가슴에 새겨진 나라, 조지아! 무려 6개월이나 머물렀다.

다시, 길 위에 서다

내 호기심은 언제나 극한에 치닫는다. 여행하면서 더 심해진 듯하고 계속 여행자들 모르는 깊숙한 곳까지 파헤치고 다니면서 내가 원하는 것을 얻어내야 속이 시원하다. 어떤 여행작가도 가보지 못한 곳을 계속 다니고 있었다.

조지아 여행이 4개월을 넘어설 즈음 조지아 지도에서 북쪽 부분이 잘려져 있는 걸 보게 됐고, 그곳이 조지아와 러시아의 영토 분쟁국이라는 걸 알았다. 수많은 나라가 나라로 인정하지 않아서 그곳 사람들은 다른 나라로 나갈 수 없는 처지에다 압하지야 정부에서 정한 입국 금지 국가가 무척 많았다. 분쟁국, 말만 들어도 궁금하고 어떤 곳인지 들어가 보고 싶어 미칠 것만 같은데 다행히 압하지야 공화국 홈페이지를 찾아냈다. 영어 페이지가 제공되어 영어로 된 페이지에서 들어갈 방법을 알아냈다.

북한은 금지국이지만, 또렷하게 쓰여 있는 글자 South Korea는 입국할 수 있다고 나온다. 조지아 친구들도 조지아에 사는 한국인들도 심한 반대를 했다. 너무 위험해서 그곳을 들어가는 여행자도 없고 다시 조지아로 돌아올 수 없을 거라는 이야기가 나왔는데 그래서 더 들어가 보고 싶었다.

홈페이지에서 온라인 비자 파일을 내려받을 수 있게 되어있고 내려받아서 보니 여러 항목에 기재한 후 메일을 보내면 확인하고 승인된다. 이메일 비자를 발급해 줘서 메일 항목에 다 영어로 기재해 메일을 보냈지만, 며칠을 기다려도 메일은 오지 않았다.

이유를 모르겠고 답답하기만 하고 무엇이 문제인지 곰곰이 생각해보다. 혹시나 국가명에 그냥 Korea라고 써서 그쪽에서 오해했을는지도 몰라 다시 비자 신청서를 작성해서 보냈다. 이틀 뒤에 답변 메일과 승인 도장이 콱 박혀있는 온라인 비자가 있었고 압하지야 방문을 환영한다는 메시지도 있었다. 날아갈 듯 기분이 좋고 설렘에 빠졌다.

분쟁국 입국하는 날

조지아 트빌리시에서 밤 기차를 타고 이른 아침에 죽디디 터미널에 도착하니 비가 내려 터미널에서 한참을 기다렸다. 비가 그치고 자전거로 달려 국경을 향해 가는데 아름다운 풍경이 펼쳐져 오지라서 그런가 보다 하고 달렸더니 조지아 국경이 눈에 들어왔다.

국경 검문소에 프린터 한 온라인 비자를 보여주고 압하지야 공화국으로 들어간다고 하니 내 여권을 확인하고는 도장도 찍지 않고 보내준다. 아마도 조지아에서는 압하지야가 분쟁국이긴 하지만, 같은 조지아로 인정하고 있어 그런 것 같다. 조지아 국경을 넘어 파타라 엔구리 강 위로 나 있는 다리를 건너면 압하지야 검문소가 나온다. 다리를 건너 국경으로 달리는데 감회가 새로웠다.

분쟁국으로 들어간다는 쉽지 않은 결정을 하고 지금 현실이 되어 어떤 것들이 나를 반겨줄지 상상하면 한없이 즐겁다. 압하지야 국경 검문소에 도착하니 역시 삼엄한 분위기에 군인들이 총을 메고 경계를 서고 있어서 긴장이 좀 되기는 했지만, 자전거로 압하지야 국경에 들어온 나를 보고는 다 웃어주면서 반겨주며 환영해 줬고 어디에서 왔냐고 해 싸우스코리아라고 했다.

조지아 국경에서처럼 온라인 비자를 주고 여권을 받아 확인하더니 역시 도장을 찍지 않고 돌려줬다. 분쟁국 압하지야 땅을 밟는 순간, 그렇게 원했던 입국을 한다는 게 기쁘기도 하고 뭉클하기도 했다.

გილოცავთ დამოუკიდებლობის დღეს
STOP

원초적인 풍경과 전쟁의 상처

압하지야 국경을 통과하고 달리는 도로에서 만난 가로수는 마치 원시림에 들어온 것 같은 느낌인데 높이도 무려 30m가 넘는다. 처음으로 만난 작은 마을 사람들은 조지아인과 너무 닮은 모습으로 조지아와 가까운 곳이라 아마도 조지아에서 넘어온 사람들이 아닌가 싶다. 동양인에다가 한국인이라는 게 반가워서 어찌할 줄 몰라하면서도 무척 친절했다. 위험한 나라라고 들었고 조심해야 한다는 강박관념도 있었는데, 좋은 분들을 만나서 위험한지는 모르겠다.

도착한 곳은 아주 작은 갈리라는 도시인데 휴대폰 개통하러 통신사로 갔다. 언제나 그랬듯이 나라를 옮겨 갈 때마다 휴대전화를 개통해서 3G로 인터넷을 연결한다. 휴대폰을 통신사 서비스로 개통했는데 생각보다 사용료가 엄청 비쌌다. 3G 100MB에 300루블, 우리 돈으로 9,000원이다.

자전거 여행 홈페이지 올려진 여행기 글들을 보면 지도와 GPS 가지고 여행 다니다가 길 잃어버리는 경우가 흔하다는 글을 많이 봤다. 처음 여행을 시작한 중국부터 휴대전화는 꼭 개통해서 인터넷으로 구글맵의 내비게이션 기능을 썼다. 한국에서는 구글맵이 내비게이션 기능을 쓸 수 없게 정부가 차단하고 있지만, 모든 나라에서 보안을 중시하는 중국도 내비게이션은 된다. 출발지와 목적지를 설정하면 길 안내가 시작되어 길 잃어버릴 일이 전혀 없다.

국경에서 100km 떨어진 압하지야 수도 수후미까지 가야 하는데 뒤에서 마슈르카-봉고차보다 좀 더 큰 미니버스-가 나를 계속 방해하면서 따라오는데 느낌이 좋지 않다. 처음으로 위험하다는 생각이 들었다. 한 시간을 계속 나를 따라오며 괴롭혔고 더는 안 될 것 같아 도로변에 있는 식당으로 가 도움을 요청하려고 하니 그 모습을 보고 떠나버렸다. 이상한 일을 겪고 나니 왠지 불안한 마음도 들어서 조심히 다녀야겠다는 생각이 들었다.

수도 수후미에 도착해 부킹닷컴에서 본 숙소로 가 숙박비 24달러를 내려고 하는데 영어가 전혀 안 통한다. 러시아어만 통하는 나라라서 불편을 감수해야 하는데 스태프가 조금 기다리면 영어를 할 수 있는 사람이 온다고 했다. 한참 기다렸더니 왔고 스태프인 줄 알고 숙박비가 얼마냐고 물으니 500루블이라고 한다. 우리 돈으로 만 오천 원인데 알고 보니 스태프가 아니라 여행자고 덕분에 하루에 500루블만 내면서 머물렀다.

다시, 길 위에 서다

숙소에서 나와 자전거로 수후미 시내 구경을 하러 가는데 역시나 전쟁의 흔적들이 아직 고스란히 남아 아픈 상처를 보여준다. 수리하거나 폐기하지 않은 건 상처의 아픔을 기억하기 위해서인지도 모른다. 압하지야는 여행이 힘든 부분이 정보가 많이 없다는 거다.

구글에서 수후미 등대가 소개되어 있어 유명한 곳인 것 같아 그리로 가는데 정확한 지점은 표시하지만, 가는 길을 몰라 이리저리 돌아다니다 아파트가 보였다. 마침 가족이 길을 나서는 중이라 그들에게 가서 등대로 가는 길을 물었더니 고맙게도 등대까지 같이 가자고 했다.
다행히 영어를 해서 이런저런 이야기를 나누는데 일 때문에 러시아에서 압하지야로 온 건데 Abhazia is Wild Country라고 해서 위험한 나라냐고 물어보니 그런 의미란다. 압하지야에 사는 게 만만치 않다고 하며 여행할 때 조심히 다니라고 조언도 해주고 덕분에 등대도 찾아 아름다운 흑해 풍경도 볼 수 있었다.
조지아에서 본 흑해보다 더 짙은 푸른색을 보여줬고 여름인데도 고산 봉우리에는 눈이 쌓여있었다. 흑해 해변에는 여행자들이 해수욕을 즐기고 있는데 설산을 보며 바다에 들어가 있는 풍경은 이곳에서만 느낄 수 있는 즐거움이다.

여행하면서 문제에 봉착할 때 뜻밖의 사람을 만나 도움을 받는 일이 많았다. 수후미에서도 괜찮은 사람을 만나 막혔던 것이 풀렸다. 수후미 등대는 해군의 탐색 부서 요청으로 프랑스가 만들었는데, 높이가 37m이고 꼭대기까지는 137개의 계단을 올라야 한다. 터키와의 전쟁에서는 전쟁 목적으로 등대를 사용하기도 했지만, 지금은 선박의 항해를 돕는 등대로 활용되고 있다고 한다.

행복한 여행자

수후미에서 며칠을 보내고 나니 생각했던 것보다 특별한 것이 없어 그냥 돌아가자는 결정을 하려다 어렵게 고생해서 들어온 곳이라 그냥 가면 남는 게 별로 없다는 생각이 들었다. 돌아가서 두고두고 후회할 일이 생길지도 모르니 남은 시간 자전거로 압하지야를 완주하고 여행을 마치자고 마음을 바꿨다.

수후미에서 피순다라는 곳으로 목적지를 정하고 달리며 보는 흑해는 푸른 하늘과 짙은 푸른색 바다가 어디가 바다고 하늘인지 구분이 안 될 정도로 묘한 풍경을 연출했다. 달릴수록 다르게 보이는 흑해 풍경에 반해 이동하는 시간이 많이 늦어지기도 했다.

도로에서 잠깐 쉬고 있는데 승용차가 서더니 내려서 경찰이라며, 자기랑 가야 한다고 말하는데 내가 보기엔 사기 치는 게 그냥 보인다. 피디로 일한 십 년은 수많은 사람을 만나면서 생긴 능력이 관상을 본다는 거다. 얼굴을 보니 거짓말을 하는 게 맞고 그럼 경찰 신분증 달라고 했더니 그제야 자기가 숙소를 운영하는데 내가 머물렀으면 해서 그랬다고 했다.

믿음이 안 가서 다시 출발하는데 해는 점점 기울어서 어디든 묵을 수 있는 곳을 찾아보지만, 보이지가 않았다. 캠핑할 곳을 찾아볼까 해도 위험한 나라에서 캠핑하다 무슨 일이 일어날 것 같은 걱정에 그러지도 못하고 피순다까지 가자는 생각으로 달렸다. 작은 슈퍼가 있어 그곳에 들어가 이곳에 묵고 가고 싶은데 그럴 수 있냐고 물었더니 말도 안 되는 비싼 가격을 불러서 할 수 없이 다시 피순다로 달리는데 담벼락에 HOMEPA라고 적혀 있는 집이 나왔고, 집 근처에 있는 주민들에게 이곳이 숙소냐고 몸으로 잠자는 몸짓으로 물어봤더니 홈스테이 숙소가 맞다고 했다.

다행히 묵을 곳을 찾아내서 안으로 들어가 가격을 물었더니 500루블 이라고 했다. 가격도 괜찮은데 방을 들어가 보니 TV, 에어컨 냉장고에 욕실도 무척 깨끗하게 되어 있고 주방까지 갖추어 놓은 곳이다. 주인아줌마가 주방에서 불러서 갔더니 나를 위해 저녁을 차려놨다. 저녁을 어떻게 할지 난감했는데 고맙게도 저녁을 제공해 줘서 맛있게 잘 먹었다. 러시아어를 써서 말이 통하지 않지만, 손짓 발짓 간단한 영어 단어로 대화할 수 있었고, 숙소 아줌마 나토는 자신을 조지아 인이라고 했다.

조지아 인이라 이렇게 많은 걸 베푸는 거라는 걸 알게 됐다. 그동안 돈만 밝히던 압하지야 사람들하고는 전혀 다른 선하고 부드러운 느낌의 아줌마였다. 조지아에서 만났던 사람들과 느낌이 비슷했다. 이곳을 찾아온 건 정말 운이 좋았고 이런 경험을 누가 할 수 있을까? 나는 참 행복한 여행자다.

분쟁국 사람들의 슬픈 사연

피순다는 우리나라 바닷가 마을 정도의 크기라 많이 둘러볼 곳은 없어 압하지야에서 가장 오래전 지어졌다는 피순다 성당과 해변이 정말 새까만 흑해와 고즈넉한 숲 구경을 하는 게 전부였다.

숙소로 돌아와 저녁 시간이 되었는데 오늘은 가족들과 다 같이 저녁을 먹게 됐고, 흑해에서 낚시로 직접 잡아 훈제한 생선이 식탁에 올라왔다. 흑해의 생선은 처음 먹어보는 거라 어떤 맛일까 하는 기대가 무척 컸다.

저녁을 먹으며 많은 이야기가 시작됐다. 스무 살 아들 카식과 카식의 아내 열일곱 살 마리나가 영어를 조금 알고 있어 대화가 원만했다. 조지아도 20대 초반에 결혼하는데 이곳도 결혼 시기가 빠르다. 나토 아줌마는 50살 남편 아르또르와 큰아들 카식, 며느리 마니라와 막내 알란까지 다섯 명이 한 가족이다. 나토 아줌마는 조지아인, 남편 아르토르는 오세티야인이다.

조지아에는 압하지야와 또 다른 분쟁지역 오세티야가 있는데, 북오세티야와 남오세티야로 나뉘어 우리나라의 북한, 한국과 같은 방식이다. 나토 아줌마가 처음 결혼한 남자는 러시아인이어서 카식은 러시아인이 되는 거고, 전 남편이 세상을 떠나면서 아르또르 아저씨를 만나 나은 막내 알란은 오세티야인이 된다고 한다. 한 집에 조지아인, 러시아인과 오세티야인 3국 사람이 가족을 사는 신기한 상황이다.

공식적으로는 다 압하지야인으로 되어 있다고 하는데 조지아나 오세티야 다른 나라로 나갈 수가 없단다. 모두가 단절된 나라라서 갈 수 없고, 그 외 다른 나라들은 압하지야를 국가로 인정하지 않아 압하지야에서만 살아야 한다. 분쟁국 사람들의 삶 이야기에 아주 슬펐다. 조지아에서 왔는데 다시 고향으로 갈 수 없는 상황, 오세티야 고향을 다녀올 수도 없는 슬픈 사연을 듣고 있으니 나도 모르게 뭉클해졌다. 많은 제한 속에서 그래도 오손도손 행복하게 사는 가족들이다. 분쟁국에 들어와 소중한 이야기들을 담아간다. 잊지 못할 분쟁국 압하지야 사람들 이야기.

다시, 길 위에 서다

Stage04

하늘을
날고 싶었다

다시, 길 위에 서다

조지아 바투미 터미널에서 버스를 타고 국경을 넘어 바닷길을 달려 도착한 트라브존. 밖으로 나가 심카드를 사려 했더니 비싸서 살 수가 없었다. 다시 터미널로 와 식당에서 케밥을 주문해서 맛있게 먹고 결재를 하려는데 25리라라고 했다. 처음에 얼마냐고 물었을 때 네가 손가락으로 손바닥에 5자 썼자나라고 따지니까 아니란다. 터키 와서 첫날부터 사기를 당했다.

아르메니아를 여행하면서 수없이 들었던 이야기를 해보자면 오스만튀르크 시절 아르메니아 인구 150만 명을 사살하는 세계 최고의 대학살을 자행했다. 아르메니아 인구의 삼분의 일이 죽은 거다. 그런데 아직 뉘우칠 생각은 안 하고 부정만 하는 터키다.
이 문제를 짚고 넘어간 프랑스에서 대학살 문제를 인정하라고 했는데 인정하지 않아서 지금 프랑스와 터키는 외교적으로는 단절되어 있다. 아르메니아 여행할 때 터키 얘기 꺼냈다가 욕먹을 정도로 아르메니아 사람들은 상처가 크다.

오스만튀르크 후예들이 사기 치는 소식을 접해서 정말 조심해야겠다는 다짐을 했다. 터미널에 앉아 6시간을 기다려 카파도키아로 가는 버스에 올라보니 좌석에 비행기와 똑같은 모니터가 달려 영화나 음악을 들을 수 있어 다행이었고 몇 시간마다 간식과 음료수를 주는 것도 맘에 들었다.

밤새 달려 점심때가 되어 카파도키아에 도착해 예약해놓은 숙소로 갔더니 예약 요금보다 더 요구해서 물었더니 금세 올랐다는 이야기를 해대고 방도 사진과 다른 방을 보여줘서 바로 나왔다.
간신히 일본인이 운영하는 게스트하우스를 소개받아 그곳으로 가니 한국 여행자가 많았다. 내가 묵는 방뿐만 아니라 다른 방에도 있다. 카파도키아 여행 기간에는 계속 한국 여행자들하고 같이 다녀서 모든 걸 같이 할 수 있었고, 밥도 같이 먹으니까 편했다. 맛있는 식당도 다 알고 있어서 따라다니기만 하면 될 정도로 좋았다.
다 같이 저녁노을을 보러 돌산으로 올라갔다.

하늘을 나는 벌룬 투어

하늘을 날아보고 싶었다. 비행기를 타고 나는 게 아니라 새처럼 날아보고 싶어 카파도키아로 온 거다. 벌룬투어 셔틀버스가 숙소에 4시 30분에 오기로 돼 있었지만, 4시도 안 된 시각에 일어났다.

어릴 적, 깨우면 자고 다시 깨우면 자고를 반복해서 바쁜 부모님을 힘들게 했던 잠꾸러기는 서울로 수학여행 가는 날은 혼자 알아서 일찍 일어난 걸 보면 설렘이 얼마나 큰 효과가 있는지 알 수 있다.

벌룬투어 장소에 도착해 간단한 가이드의 설명을 듣고 벌룬에 불을 피워 날아갈 준비를 했고, 내가 탄 바구니가 땅에서 다소곳이 떠오른다. 고소 공포증이 있어서 높이 올라가서 무서워하면 어쩌나 걱정했는데 웬걸, 점점 하늘로 치솟아 오르는 벌룬 바구니에서 바라보는 풍경은 상상 그 이상이었다. 넓은 대지에 수많은 벌룬이 떠 있는 풍경은 아름답다 못해 경이롭다. 처음 하는 경험은 인제나 설렌다.

여행은 보지 못한 것을 처음 만나는 일이고 설렘이 반복되면서 몰랐던 감정들이 떠오르는데 마음을 즐겁게 만드는 훌륭한 비타민이다. 마치 내가 새가 되어 날고 있다는 착각도 하게 되고, 새가 날아가며 보는 세상이 이런 아름다운 풍경이라면 어쩜 새들은 세상에서 가장 행복한 존재일지도 모른다는 생각이 들었다.

우리가 사는 곳에서 회색빛 빌딩으로 둘러싸인 정글에서 과도한 업무로 스트레스받으며 하루하루를 끌려가며 살아야 하는 생활에서 벗어나 이런 여행을 하고 있다는 게 한없이 행복하고 이렇게 여행을 즐기며 살아야 하는 게 답이었다는 걸 이제야 깨달았다. 새처럼 두 팔을 활짝 펴고 세상을 훨훨 날아다닐 거다.

유난히 정이 안가는 땅

파묵칼레에서 야간버스 타고 이스탄불에 내려 숙
소까지는 10km 거리인데, 택시비는 1km에 우리
돈 2만 원, 구글맵에서 트램 검색해도 터미널에서
숙소까지 가는 경로가 나오지 않아서 무거운 배낭
앞뒤로 메고 10km를 숙소까지 걷다 쉬다를 반복하
며 숙소에 간신히 도착했다.

물 흐르듯 그냥 정처 없이 돌아다녔던 터키 이스탄
불, 이상하게도 처음부터 안 좋은 일을 겪어서인지
이스탄불에서도 이해할 수 없는 상황을 겪었다.
사진 찍으려고 했더니 억지로 자기들 모자를 씌우
고 내 카메라를 빼앗아 막 찍고는 돈을 요구하는
말도 안 되는 상황이 일어났다. 하도 어이가 없어서
눈 치켜뜨고 쳐다보면서 카메라 얼굴 앞에 대고 사
진 한 장씩 지우는 거 보여주면서 돈 안 줘도 되지?
하고 떠났다. 정말 이상한 사람들을 만난 이스탄불.
한국 사람이 다 좋아하고 많이 가니까 이제 당연한
듯 막 대하고, 물건 비싸게 팔고 식당에서 밥값 올
려서 받는다. 렌트비 비싸게 주고 자전거 빌렸는데
고장 나서 앞으로 나가지도 않고 환불도 안 해주는
사람들이 장사하고 있다.

심지어 불가리아로 가는 버스터미널 카페에서는
커피값 잔돈을 안 주려고까지 했다. 많은 나라를 다
녀봤지만, 가장 어색하고 적응이 안 되었던 나라다.

KÖZDE
KANATÇI
MURO
İZDE HİZMETİNİZDEYİZ

플라브디브에 도착하자마자 먼저 환전소에 가 터키에서 쓰고 남은 돈을 불가리아 화폐로 환전하고 택시를 타고 숙소를 찾아갔다.

항상 출발하기 전날 부킹닷컴에서 다음 여행지의 숙소들을 훑어보며, 시설과 가격, 여행자들에 의해 평가된 평들을 보고 가장 괜찮은 곳을 예약한다. 휴대폰의 구글맵에 숙소 위치를 표시해놓은 곳을 보고 찾아가면 숙소를 찾는 일은 정말 쉽다.

가이드북을 활용하지 않는 이유는 가이드북으로 여행하면 숙소 정보나 여행지 정보에 한계가 있고, 지도를 보며 갈 곳을 찾는 일도 더디다. 여행지 정보들은 트립어드바이저 사이트와 구글에서 검색해 선호도가 많은 곳을 우선으로 점검해 놓는데 이 방법이 여행하기에 가장 편하고 쉽다.

숙소에 짐을 풀고 우선 저녁 먹으러 식당을 찾다가 케밥이나 피자 같은 종류의 음식을 만드는 우리나라에서는 패스트푸드로 불리는 음식을 파는 곳에 들어갔다. 케밥을 먹기로 했는데 간단하게 만들어진 음식이지만 가격은 우리나라 패스트푸드점의 햄버거보다 싸다.

블로브디브만의 방식으로 만든 케밥은 내 입맛에 잘 맞는다. 여행하다 보면 먹는 것 때문에 아주 힘들다는 이야기들이 있는데 지금까지 음식으로 불편한 건 한 번도 없었다. 인도 음식도 맛있게 먹었으니까.

저녁 먹고 바람 쐬러 숙소 근처를 돌아다니는데 길을 가는 사람들은 나를 반겨주며 사진 찍어달라고 하고, 사람들에게 음악을 들려주는 거리 악사도 내게 반가운 인사를 한다. 이곳에서 만나는 사람들 모두 얼마나 친근한지 불가리아 첫 도시 플라브디브 첫인상은 나를 포근하게 만들었다.

우리는 누군가를 쳐다보면 왜 기분 나쁘게 쳐다보느냐는 생각을 많이 하고, 싸움까지 일어나는 경우를 봤는데 이곳처럼 미소 지어주면 더 행복해질 수 있을 거다. 앞으로 불가리아 여행 여정이 많이 기대된다.

플라브디브 구시가지

고대극장은 공연 준비 때문에 막아놓은 상태라 안으로는 못 들어갔지만, 고대 시대부터 예술을 만끽했던 흔적이 보인다. 지금도 다양한 예술을 받아들일 수 있고 즐길 수 있는 감각을 만드는 거다.

우리 대중문화는 고작 전쟁이 끝나고서야 시작되어 이어진 기간이 짧다 보니 다양한 장르의 예술을 받아들이는데 어려워한다. 영화만 보더라도 다양한 장르가 골고루 평가를 받는 게 아니라 작품성 부족한 영화가 천만 관객을 넘기기도 하고, 훌륭한 작품은 극장에 걸렸다 한 달도 안 되어 내려가는 취급을 받는 게 현실이다. 영화뿐만 아니라 연극, 음악, 미술도 극과 극이 되고 있다. 좀 더 다양한 예술 장르들이 사랑을 받았으면 하는 바람이다.

불가리아는 무려 500년이나 오스만튀르크에 지배를 받았지만, 그 후 독립을 했고 그들만의 국가로 돌아왔다. 자본주의를 택한 나라들은 극과 극의 빈부차를 만들어내며 많은 문제점을 만들어냈지만, 불가리아는 사회주의 체제였기에 평등한 제도가 많이 있었을 거다.

대부분의 동유럽이 오래전에 사회주의 체제였고, 지금 가장 평화롭게 살아가고 있다. 자본론을 쓴 마르크스가 천 년 동안 가장 위대한 인물로 뽑힌 이유도 지금의 자본주의 문제점을 그때 예언해서다.

우리도 일본에 지배당했다가 독립했지만, 우리의 힘으로 독립한 것도 아니고 35년 동안의 식민지배는 모든 것을 망가뜨리고 바꿔 놓은 게 유럽의 지배와는 다른 부분이다. 아직도 식민지배 시대에서 사는 듯하고 크게 변하지 않은 것 같은 요즘의 모습들을 보고 있으면 마음이 너무 아프다.

꼭 가봐야 하는 곳, 세븐레이크

소피아 숙소에서 한국 여행자 3명을 만났다. 여자 여행자는 터키 카파도키아 숙소에서 봤었는데 이곳에서도 만났다. 불가리아로 여행 왔다면 꼭 가봐야 하는 곳이 세븐레이크.

묵고 있는 숙소에서 스태프나 주인에게 세븐레이크로 가는 버스를 어디에서 타는지 물어보면 친절하게 가르쳐 주고, 터미널에서 세븐레이크로 가는 버스표를 구매한 후 세이븐레이크로 간다고 버스 기사에게 꼭 말해야 내릴 곳에 내려준다.

내린 곳에서 승용차나 봉고차에 인원을 맞춘 후 세븐레이크 입구로 가는데 가격 흥정을 잘하는 게 중요하다. 도착하면 스키리프트 관리 사무실에서 표를 구매해 리프트를 타고 약 십 분 정도 올라가면 처음으로 세븐레이크 숙소가 나온다. 하루 일정으로 7개의 모든 호수를 다 볼 시간이 부족한 사람들은 하루 더 머물 수 있도록 숙소가 마련되어 있다. 우리 돈으로 만 오천 원이었던 거로 기억하고 있는데 지금은 환율이 변경되어 정확한 건 환율을 확인해야 한다.

산을 오르면서 만나게 되는 호수들과 주변의 핀 꽃들이 함께 어우러지고 시기에 따라서 산봉우리에 눈이 덮여있을 때도 있다. 맑은 호숫가 물에는 많은 물고기가 서식하고 있어 물가에서 물고기들을 만져보는 것도 제맛. 여행이 끝나면 다시 소피아로 돌아가야 한다. 소피아로 가는 버스가 다니는 곳까지 히치하이크해서 가야 하는데, 운 좋게 친절한 불가리아 아저씨를 만나 기차역까지 공짜로 타고 내려왔다.

다시, 길 위에 서다

마케도니아 스코페

마케도니아가 어디지? 이름은 들어봤는데 어디에 있는 나라지? 라고 질문을 해 본 적이 있을 것 같다. 화려한 서유럽에서는 느낄 수 없는 아기자기하고 소담스러운 나라들이 줄을 지어 있는 동유럽의 발칸. 동유럽 나라 대부분 역사가 그렇듯, 지금의 터키 오스만튀르크에 지배를 받기도 했고, 오래전 들어봤던 유고슬라비아 공화국에 통합되기도 했지만, 마케도니아로 독립해 선하고 착한 사람들이 함께 살아가는 행복한 나라다.

우리가 알고 있는 알렉산더 대왕과 세상에서 가장 아름다운 여인 마더 테레사가 태어난 곳이기도 해서 더 의미가 있는 도시 마케도니아 스코페다. 시내로 가는 길에는 예쁘게 지어진 중고 서점 골목이 있고 그곳에서 나를 반겨주는 서점 아저씨도 만났다. 100년이 더 된 서적들도 가득했고 그 중 영어로 쓰인 마케도니아 책을 기꺼이 선물해 주셨다.

시내 곳곳에는 마케도니아의 역사적 인물들을 동상이 세워져 있는데 관광객들에게 역사를 쉽게 접하게 하기 위함이다. 오스만튀르크시대 지배의 영향으로 이슬람 사원도 있지만, 마케도니아에서만 유일하게 느낄 수 있는 그 무언가가 있다는 걸 느낀다. 구시가지를 걷다 보면 누군가가 손으로 한땀 한땀 꿰매서 만든 신발들도 있고 골목을 걷다 보면 미술작품 아래에서 놀고 있는 고양이조차 예술 같다. 이곳저곳 많은 시간 걸어 다니다 보면 출출해져 양고기꼬치 집에 들어가 양고기꼬치 한 접시를 시켰는데 우리의 양념 갈비와 비슷했고 정말 맛있었다.

호수를 끼고 있는 오흐리드

스코페에서 3일을 머물렀다. 인터넷에서 오흐리드에 대한 정보를 찾아봤는데 꼭 가봐야 하는 아름다운 여행지라는 내용을 알게 되었다. 전날 스코페 버스터미널에서 오흐리드 가는 버스표를 미리 예매했고, 다음날 버스를 타고 오흐리드로 갔다.
창밖으로 보이는 길도 예쁘지만, 오흐리드에 도착하자마자 눈에 들어온 풍경은 천국이나 다름없었다. 바다보다 더 파란 빛을 뽐내는 호숫가를 끼고 계단식으로 지어진 빨간 지붕 집들과 새파란 하늘이 어우러져 잘 그려놓은 수채화 같다.
아름다운 집들과 기념물이 풍부하고 자연 그대로의 모습을 간직했다. 구시가지 높은 곳의 성벽으로 올라가면 말이 필요 없을 정도의 풍경이 반겨준다. 유명한 여행지보다 잘 모르는 곳을 찾아다니기로 한 내 선택은 아름다운 곳을 만나게 해 주었다.

숙소에서 이상한 문제가 생겼다. 항상 어디를 가든 부킹닷컴에서 숙소 예약을 하루만 하고 그날 저녁이나 다음 날 아침에 더 묵겠다고 이야기를 해서 숙소를 연장하는 건데 이유는 숙소에서 부킹닷컴 수수료를 안 내도록 도와주려고 하는 거다.

묵었던 숙소는 스태프도 없고 주인도 보이지 않아 다음날도 밖으로 나가 오흐리드에서 못 가본 곳들을 다니다 점심 지나서 오후 늦게 들어갔더니 침대 위에 내 짐이 정리되어 있고 메모 한 장이 놓여있었다.
우리 숙소는 자원봉사하는 곳이 아니라 오늘 아침 나갔어야 했는데 안 나가서 나가라고 써놨단다. 숙소 주인을 찾아 상황을 이야기했다.

당신이 어제도 오늘도 숙소에 없었고, 스태프도 없는 건 당신 잘못이다. 하루 더 묵을 거라고 어젯밤 얘기하려는데 숙소에 아무도 없어서 얘기할 수 없었던 건데 왜 그런 메모를 써 놨냐고 주인한테 이야기하고 숙소를 나와 다른 곳으로 갔다. 정말 행복했던 오흐리드 여행은 이상한 숙소로 인해 기분이 망가졌다.

중세와 현재가 공존하는 도시 코토르는 몬테네그로의 가장 유명한 해안 도시다. 해변 옆으로 고대에 만들어진 성벽 안에는 500년 전 예쁘고 화려하게 지은 건물들로 모여 있는 구시가지이고, 성벽 밖 해변에는 유럽 각지에서 도착한 비싼 요트와 페리가 정박해 있다. 높은 산으로 둘러싸인 복잡한 해안선으로 바다가 아니라 호수라고 착각할 수 있지만, 발칸해로 많은 선박이 드나드는 바다가 맞다.

한때 대지진이 와서 수많은 건물이 반파되어 옛 모습을 잃었지만, 주민들의 노력으로 다시 예전 모습으로 복구시켰다고 한다. 신기한 건 묵고 있는 숙소 건물은 몇백 년에 지어진 건물이고 벽 두께가 무척이나 두꺼워, 가지고 다니는 줄자로 재 보니 1m였다. 오래전 방어 목적으로 지어진 것 같다는 생각이 들었다.

내가 쓰는 도미토리 방에는 오흐리드에서 만난 일본 여행자와 새로 보는 한국 여행자도 있어서 서로의 여행 이야기를 나누며 친해졌다. 여행이 좋은 건 새로운 여행자와 친해져 친구가 된다는 것이다. 여행으로 친구가 계속 늘어나고 있다.

성벽을 오르면 코토르의 중세모습과 세련된 현재가 만난 모습이 한눈에 들어온다. 숙소 방향에서 올라가면 비싼 입장료를 내고 들어가야 해서 고민하는데 스태프가 샛길이 있다며 입장료 없이 올라가는 길을 알려줘 그곳으로 올랐더니 오히려 앞쪽 입장료 내고 가는 여행자들은 보지 못하는 코토르의 아름답고 훌륭한 장관이 펼쳐져 있어 좋은 사진들을 많이 찍을 수 있어 좋았다. 여행하다 보면 누군가에게 뜻밖의 도움을 받기도 하는데, 몬테네그로 여행에서도 마찬가지다.

보스니아 헤르체고비나 모스타르

몬테네그로 코토르 터미널에서 모스타르를 가는 버스표는 무려 50유로다. 시간이 남아 코토르를 한 번 더 돌아보면서 놓친 것들을 다시 촬영하며 버스 시간을 맞추었다.

점심 즈음 터미널에서 출발한 버스는 크로아티아를 거쳐 모스타르에 밤 9시가 넘어서야 도착했다. 길도 2차선인 데다가 정류장마다 서니, 달리는 시간보다 서는 시간이 더 많은듯하다.

모스타르(오래전 보스니아 헤르체고비나가 두 나라였을 때 헤르체고비나의 수도) 터미널에 도착해 부킹닷컴에서 예약해 놓은 최고 평점의 게스트하우스를 구글맵에 표시해놔서 맵보고 바로 찾았다.

숙소로 들어가자마자 마당에서는 파티 분위기로 들떠있다. 숙소에 머무는 모든 여행자가 마당에서 술과 음식을 즐기고 있는 모습은 여행하면서 엄청 그리워했던 그런 풍경이다. 방에 짐을 풀자마자 합석하고 여행자들과 신나게 놀며 맥주와 음식을 먹었다. 늦게 왔다고 음식을 챙겨주기도 했던 스위스 친구들, 만나서 바로 친한 친구가 되었다.

다음날부터 다같이 일정을 함께 하기로 했고 자정이 넘은 시간에 다같이 모스타르의 랜드마크 오래된 다리를 보러 갔다. 모스타르의 첫날은 친구들이 생겼다는 즐거움으로 마감했다.

좋은 친구들을 만나는 여행

20유로를 내고 하루 일정을 투어하는 프로그램이 있어서 모두 밴에 타고 크라비스 폭포(Kravice Waterfall)로 향했다. 모스타르 오기 전에 찾아봤는데 이 폭포가 있다는 건 몰랐다. 도착하자마자 만난 크라비스 폭포 풍경은 입을 다물 수 없을 만큼 장관이고 감동이다. 사진으로는 크기를 알 수 없지만, 규모가 무척이나 크다.
모르는 곳을 와서 정말 기분이 날아갈 듯하게 좋다. 그냥 지나쳤다가 나중에 이곳이 있었다는 걸 알았다면 정말 속상했을 거다. 투어 프로그램을 참여하지 않는 여행자는 모르는 곳이다. 폭포 사진을 엄청 찍어대니까 가이드가 많이 찍는다고 뭐라고 해서 바로 자리에 앉아 친구들과 맥주를 기울였다.

크라비카 폭포 근처에는 이슬람 사원과 이슬람 가옥들이 자리하고 있는데 동유럽의 대부분 나라가 오스만튀르크에 500년이나 지배를 받아서 그 영향이 아직도 짙게 남아있다. 사원 꼭대기에서 본 마을 풍경은 동화 속 장면같이 아름다웠고 마을을 끼고 흐르는 강을 둘러싼 산은 마치 요새 역할을 하는듯한 느낌이며 밖에서는 찾을 수 없을 것 같기만 하다.
오늘 같이 다니는 여행자들이 친구가 된 건 어젯밤 파티를 즐기면서다. 헤어지면서 연락처랑 메일 주소를 받았는데 여행을 계속하다 보니 어느새 잃어버려 아쉽게도 연락이 안 된다. 여행하다 보면 잃어버리는 게 많다. 모스타르에서도 숙소에 양말 널어놓고 그냥 떠났다. 중국에서 시작해 좋은 사람들만 만나면서 그게 이곳까지 이어지고 있고 모든 나라에서 좋은 사람들을 만나고 있다.
모스타르에는 이슬람 사원만 있는 게 아니라 교회도 많은데 이슬람과 기독교가 공존하는 나라이고 보스니아와 헤르체고비나 두 나라가 하나의 나라로 된 것도 흔한 일이 아니라서 더 독특한 곳이다.
혼자 하는 여행이 외롭지 않냐고 많은 사람이 물어보는데 오히려 많은 친구를 만들 수 있어서 더 즐겁다. 만약 둘이나 그룹으로 여행하면, 서로 성격도 다르고 어디로 가야 할 때 의견도 다를 수 있고 이런 기회를 잡을 수 없을지도 모르니까 혼자 하는 여행이 더 좋다. 좋은 친구들과 행복하고 즐거운 하루를 보냈으면 그만인 것이다.

다시, 길 위에 서다

모스타르의 랜드마크 오래된 다리는 내전이 일어났을 때 파괴되었다가 다시 원래 모습으로 복구시킨 거다. 자세히 보면, 예전 벽돌로 지은 흔적과 다른 흔적이 보이는데 다리 사이를 흐르는 네레트바 강(Neretva River)과 진한 녹색을 띤 나무들과 돌로 지은 빨간 지붕의 집들이 아주 적절하게 만났다. 한국에서 회색빛 답답해 보이는 건물만 보다 이런 아름다움을 지닌 풍경을 보니 마음이 트였다.

우리가 사는 곳은 똑같은 회색 건물만 봐서 생각도 똑같고 누구를 따라 하는 것에 익숙해져, 새로운 생각보다는 다른 사람들과 생각이 맞아야 편하다고 느끼기도 한다. 풍경은 언제나 사람 정서에 많은 영향을 미친다. 높은 빌딩 숲의 아주 넓은 도로 위에 차들로 가득차 움직이지 못하는 걸 보는 감정과 조화가 잘 이루어진 모스타르의 풍경을 보는 감정은 아주 다르다.

정서는 저마다 다른 생각을 하게 만들고 다양한 것을 창의적으로 만들어 낼 수 있는 동기가 된다. 여행하면서 아름다운 곳을 다닐 때마다 그런 게 아주 부러웠다. 모든 게 똑같은 우리와 여행하면서 보는 다양함 들이 너무나 달라서 안타깝다. 서울도 언제부터인지 곳곳을 부수고 공원화 작업을 하는 곳이 많이 늘어났다. 팍팍한 곳에서 느끼는 감정이 아니라 여유가 생기는 공간, 그런 곳들이 늘어나고 있다는 건 반가운 소식이다.

오늘은 혼자서 사진 찍으러 모스타르 이곳저곳 다니다가 저녁에는 다시 여행자들과 다 모여서 숙소 밖으로 나와 식당으로 가 저녁을 먹는다. 내가 묵고 있는 모스타르 게스트하우스는 나이가 있는 남자 두 분이 운영하는 곳인데 무척 선한 분들이라서 저녁마다 숙소에서 저녁 파티를 공짜로 열어주고 여자 여행자들은 떠날 때 기차역까지 짐을 들어주기도 한다.

풍경보다 값지고 소중한 것

스위스에서 온 두 여자 여행자는 어제 떠났고 숙소에는 불가리아 커플이 새로 들어왔다. 불가리아 커플이 투어하는 날인데 숙소 아저씨가 나는 한국 사람이니 공짜라며 같이 다니자고 했다. 숙소 아저씨는 정말 친절했다.
동유럽을 여행하면서 알게 된 것은 유럽 사람들이 한국이라는 나라를 좋아하는 이유가 2002년 월드컵에서 한국의 4강 진출로 한국을 알게 됐고, 삼성, LG, 현대자동차 등의 브랜드 제품들을 쓰고 있어서다. 그런데 우리가 정말 잘살고 있는 걸까?

숙소 아저씨가 공짜로 술과 차까지 사주고 마지막까지 신경 써 주신 게 정말 고맙다. 언제나 여행하면서 좋은 사람들을 만나고 있다는 것은 아름다운 풍경보다 더 값지고 소중한 것을 만나고 있는 거다. 여행은 일상에서 얻지 못하는 많은 것을 얻을 기회를 만들어 주고, 매일 찾아오는 새로움에 반하고, 내일은 어떤 일이 일어나고 내일은 누구를 만날지에 대한 설렘에 기대가 커서 무척 고마운 존재다. 사는 게 만족스럽지 않다고 생각하면 여행을 가라고 말하고 싶다.

바쁘게 살고 경쟁에 치여 하루하루가 힘들고 밤샘이 계속돼서 시간이 없더라도 자신을 위해 시간을 만들어 여행을 떠나면 전에는 느끼지 못했던 수많은 감정을 여행에서 느낄 수 있다. 모르던 것들을 알게 되면서 여행으로 변해가고 있는 나에게 감사하게 된다.
숨 막힐 듯한 곳에서 짜증 내던 내가 평화로워지고 부드러워지는 걸 느끼며 내가 새로운 사람으로 변하고 있다는 걸 깨달을 수 있으니 힘든 자들이여 여행을 떠나라~

소담스럽고 정감 있는 사라예보

모스타르 기차역에서 한참을 기다리다 저녁이 돼서야 기차에 올라 다음 날 아침 사라예보에 도착했다. 여행 끝나고 돌아와 보스니아 헤르체고비나 여행했다고 이야기를 하면 아무도 몰랐다. 어디에 있는지 나라 이름도, 심지어 마케도니아, 몬테네그로, 세르비아도 마찬가지다.

동유럽을 여행하면서 한국 여행자를 만난 적이 없다. 내 여행은 티베트, 히말라야, 무스탕, 세이셸, 조지아, 아르메니아, 분쟁국 압하지야 공화국 등 잘 모르는 곳으로만 계속 이어지고 있다.

불가리아부터 폴란드까지 동유럽 여행을 하는 것도 한국 여행자가 많이 다니지 않은 곳이라서 선택하게 됐는데 전형적인 직업병이다. 사라예보라는 이름만 들어도 사랑스럽고 영화 제목 같은 도시 이름이지만 무서운 역사가 시작된 계기가 된 곳이기도 하다.

> "1914년 6월 28일 세르비아 청년이 사라예보에서 오스트리아 황태자 프란츠 페르디난트 대공을 총으로 암살했다. 오스트리아 정부는 이것을 세르비아 정부에 의한 것으로 보고 7월 28일 선전포고를 했고 제1차 세계대전이 발발했다." – 로스차일드 가문 책 중에서 –

영국 런던 국립미술관 전시실 관람하던 중 한쪽에 나이 든 한 남자 사진이 걸려있는 걸 봤는데, 코디가 로스차일드 가문 사람이라고 말해줬다. 귀국해서 바로 책을 사 읽었고 한 페이지 한 페이지 읽어나갈수록 엄청난 사람이라는 걸 알게 됐다. 엄청난 정도가 아니라 상상 그 이상의 존재다.

250년 동안 유럽 전체 금융을 손안에 쥐고 휘두른 사람이다. 힘이 막강해 다른 나라들의 정치에도 관여했고, 모든 나라 대통령이나 정부가 눈치를 볼 정도였다. 미국의 유명한 금융회사들과 석유회사들은 로스차일드 가문 것이고, 미국 정치에도 엄청난 영향을 주며 관여하고 있다.

로스차일드는 가난한 유대인이었다. 세계에서 가장 똑똑하다는 민족, 유대인은 돈이라는 걸 알게 되고 그걸 불려 나갈 방법을 알아내서 엄청난 돈을 벌었고 아직도 후손을 통해 로스차일드 가문은 유지되고 있다.

로스차일드 가문의 이야기를 읽으면서 알게 된 사라예보가 너무나 궁금했다. 책 읽으면서 꼭 오고 싶었던 곳 사라예보. 막상 도착해서 보니 역사의 흔적보다는 도시 이곳저곳이 아름답고 소담스러워서 정감이 갔다.

모스타르 구시가지처럼 다양한 건 아니지만, 볼거리들이 풍부해서 좋았다. 참 신기했던 건, 알바니아에서 만났던 중국 남자 여행자와 일본 남자 여행자를 이곳까지 오는 동안 내가 거쳐온 나라 숙소에서 계속 만나게 되는 거다. 하루 정도 시차가 있었던 것 말고는 계속 이어져 이런 인연도 있구나 싶었다. 여행에서 경험하는 생각지도 못했던 일들, 인연. 여행이 끝나면 어쩌나 싶다.

다시, 길 위에 서다

연인들로 붐비는 벨그라데 요새 전시장

세르비아의 수도는 벨그라데다. 도착해서 처음 간 곳은 벨그라데 요새 전시장인데 요새를 오르기 전에 아름다운 공원이 길게 펼쳐져 있다. 이파리가 풍성한 큰 나무들이 듬직하게 자리를 지키고 있는 풍경이 참 맘에 든다. 바쁘게 일하고 저곳에서 쉬면 딱 맞겠다 싶고 그래서 그런지 한 커플이 나무 아래 의자에 앉아 무언가를 하고 있는데 마치 커피숍에 있는 듯한 모양새다.

오후 늦게 오른 요새에는 이미 많은 여행자가 자리를 잡고 쉬거나 풍경을 보고 있다. 여행지에는 정말 커플이 많이 보인다. 샘이 안 날 수가 없지만, 그렇다고 부럽지는 않다. 쟤들도 혼자일 때가 있고 둘일 때가 있을 텐데, 나도 그렇다.

요새를 따라 걸으면 오래전 요새를 지키는 중심부 같은 곳이 나온다. 무기를 장착한 흔적이 보인다. 뒤쪽으로 가서 돌로 지어진 굴 도로를 지나면, 전쟁에 썼던 무기들도 전시되어 있다.

세르비아를 끼고 불가리아, 루마니아, 마케도니아, 몬테네그로, 인구 20만 명의 아주 작은 나라 코소보가 있다. 마케도니아, 몬테네그로, 코소보까지 예전에는 모두 세르비아 국가였다.
오스만튀르크가 전쟁에서 패하면서 동유럽 나라들이 각각의 나라로 독립하게 된다. 마케도니아, 몬테네그로, 코소보가 독립을 원했고 내전의 상처를 간직했지만, 다행히 시차를 두고 모두 독립을 했다.

볼거리가 많은 벨그라데 시내

숙소가 외진 곳에 있어서 구글맵에서 가는 길을 검색해 트램을 타고 시내로 향했다. 우
리나라의 명동 같은 곳으로 젊은이들이 많이 찾아 붐비는 곳인데 볼거리가 다양하다.
동유럽을 다니면서 길거리 서점이 많았는데 벨그라데에도 길가에 서점들이 많이 있다.
시내를 주제로 그린 그림들을 파는 곳도 있고 액세서리 파는 골목으로 가면 다양한 액
세서리들이 쭉 늘어서 있다. 여자 여행자들이 좋아할 만한 종부터 시계 팔찌로 보이는
액세서리가 눈에 띈다.

점심 먹으러 식당에 가 맥주와 프렌치프라이가 나오는 치킨을 주문했는데 가격은 저렴
하고 맛은 정말 괜찮았다. 동유럽을 다니면서 마시는 맥주들은 다 맛있어 매일같이 빠
지지 않고 마실 정도다.
맥주를 사러 슈퍼에 가면 맥주 종류가 다양하고 650mL 사이즈의 맥주가 우리 돈 600
원에서 700원 정도로 저렴한 편이다. 맛은 우리 맥주와는 상대가 안 될 정도로 맛있다.
우리는 솔직히 너무 밋밋한 맛의 3종류의 맥주를 마시지만, 이곳에서 맛보는 맥주는
종류도 20여 종으로 다양하고 각양각색의 맛이 나서 뭘 먹을까 고르는 재미도 있다.
길가에서 파는 아이스크림도 매일 사 먹는데 입 안에서 살살 녹을 정도로 부드럽다. 배
스킨라빈스에 익숙해진 프랜차이즈 아이스크림은 동유럽을 다니면서 맛없는 아이스크
림이 돼버렸다.

세르비아에서 가장 유명한 건물, 랜드마크가 되어버린 오래전 정부청사. 내전으로 인
해 파괴되었는데 철거나 수리를 하지 않는 이유는 뜻밖이었다. 다시는 이런 일이 일어
나면 안 된다는 걸 국민에게 각인시키기 위해서 아직 남아있는 유물이라 할 수 있는데
멋진 아이디어다. 더는 전쟁이 일어나지 않고 피해 없는 평화로운 세상을 갈망하는 정
신. 세르비아 벨그라데를 여행하는 여행자는 꼭 한번 찾아가는 장소가 되었다.

다시, 길 위에 서다

구글맵인지, 트립어드바이저인지 기억은 안 나지만, 무척이나 큰 나무가 자라는 공원이 있다길래 혹해서 트램을 타고 공원으로 갔다. 도착하자마자 아주 큰 규모의 숲이 나타나서 들어가 보니 다양한 형태로 자라는 나무들로 가득했고 녹음으로 가득 찬 이파리들이 무척이나 깨끗하고 신선해 보였다. 공기도 매우 맑았고 이 공원에 있는 동안은 몸이 건강해질 것 같은 생각도 들어서 차근차근 나무를 찍기 시작했다.
나무가 커서 카메라에 다 담기지 않아 하는 수없이 주요 부분만 촬영해야 했다. 숲에서 나는 특이한 향이 나를 감싸 숨을 들이마실 때마다 참 좋다는 기분이 들었고, 큰 나무에 파란 이끼가 낀 것조차 예뻐 보였다. 한쪽에 있는 꽃밭 꽃들도 자태를 뽐내고 있다.

한참을 걸어서야 궁금했던 나무에 도착했는데 으리으리한 나무의 자태에 압도당했다. 나무 이름은 London Plane Tree, 런던 비행기 나무. 정말 비행기만큼 큰 모습을 하고 있다. 나무의 높이는 35m, 가로로 펼쳐진 곳은 50m나 되고 무려 160살, 최대한 뒤로 가서 촬영했지만, 택도 없이 반도 못 나오게 찍혀서 조금 속상하기도 했다.

여행하면서 늘 드는 생각이 떠날 때가 되면 정이 든 곳이라 서운하기도 하지만, 다음 여행지로 간다는 설렘에 서운함을 참을 수 있다는 것이다. 버스를 타고, 기차를 타고 가면서 창밖을 보면 들뜬다. 그걸 느낄 수 있어야 진짜 여행이다.

다시, 길 위에 서다

새로운 곳을 마주한다는 설렘으로 눈가에 미소가 가득한 채로 기차 창밖을 바라본다. 끝없이 펼쳐진 초원과 마을 풍경, 초원에서 여유를 부리는 소 떼와 푸른 하늘은 자연이 그려낸 한 폭의 수채화다.

바깥 풍경에 푹 빠져 시간 가는 줄도 모르고 있는데 기차는 어느새 부다페스트 기차역에 도착해있다. 기차에서 내려 역 근처 맥도날드를 찾아 점심을 먹고, 예약해 놓은 숙소에 짐을 풀고 여행정보도 점검할 겸 첫날은 쉬었다.

둘째 날부터 부다페스트 이곳저곳을 다니기 시작했다. 헝가리 부다페스트는 모든 곳이 경이롭고 아름다워 시내 모든 곳이 UNESCO 세계 자연유산으로 지정된 도시다. 건물 하나하나가 간직한 예술적 가치는 말로 표현할 수 없을 정도로 찬란하고, 바라만 보고 있어도 입이 다물어지지 않을 정도로 아름다워 눈이 한참을 머문다.

아름다운 부다페스트 촬영을 시작했다. 사진을 잘 찍는 방법의 하나는 구도도 중요하지만, 구도를 만들어내기 위한 촬영 포인트가 더 중요해서 피사체를 어디에다 찍느냐에 따라 좋은 사진이 되거나 그렇지 않으면 그냥 밋밋한 사진이 돼 버린다.

건물 하나를 촬영하기 위해 어디가 좋을지 수 킬로미터를 걸어야 할 정도로 다리품을 팔아야 좋은 포인트를 찾게 되고, 한 자리에서 화각을 바꿔 가며 조리갯값과 셔터속도도 바꿔가며 찍고 확인을 하며 수십장을 찍어야 그나마 좋은 사진 한 장 건지는 거다. 3일 동안 야경 찍는다고 새벽까지 이곳저곳 포인트 찾아다니면서 엄청나게 고생했다.

낮에는 다음 여행지로 가는 표를 예매해야 하는데 온종일 기다려야 할 정도로 표 구매자가 많아서 야경을 찍을 시간밖에 없고, 유명한 여행지라 길에는 여행자들로 발 디딜 틈도 없다. 수많은 한국 여행자와 중국 여행자 유럽 여행자와 부딪치게 돼서 걷는 속도가 늦어지기도 한다.

다시, 길 위에 서다

부다페스트에서 가장 큰 성당이 바로 매티아스 성당(Matthias Church)이다. 성당 안으로 들어가 보니 눈이 휘둥그레질 정도로 화려하다. 사진 찍으러 성당에 막 도착하자마자 성당에서 나오던 한 아주머니가 안에서 지금 막 콘서트 시작하니까 얼른 들어가서 보라고 하신다. 큰 성당에서 훌륭한 콘서트를 볼 수 있는 건 생각하지 못했던 엄청난 행운이었다.

성당에서 진행하는 공연은 정말 웅장하고 훌륭했다. 감동적인 공연을 여행 중에 감상했다는 것을 평생 간직하고 싶어 동영상으로도 촬영했다. 부다페스트에 왔다면 반드시 들러 봐야 할 성당이다.

시내를 다 나오게 찍고 싶어 한참을 걸어 높은 포인트를 찾아다니며 올라가는데 매일 수 킬로미터를 걸어 다녀서 힘들기도 하다. 한 장에 다 나오게 하려면 역시 아이폰 카메라가 필요하다. 부다페스트 전경이 다 나와야 하는 상황이라서 파노라마 기능이 있는 아이폰으로 찍는데 아이폰 카메라가 워낙 좋아서 색감 표현도 잘하고 해상도도 꽤 높았다.

이틀 동안 야경 촬영에만 매달리다 마지막 날 부다페스트의 낮 풍경을 찍으러 다니는데 밤에 보는 풍경과 낮에 보는 풍경은 또 다른 느낌으로 다가온다. 여행할 때마다 언제나 빠지지 않는 좋은 맥주와 맛있는 헝가리 케밥으로 부다페스트의 마지막 식사를 끝냈다.

빨간지붕과 파란색 첨탑의 프라하

너무너무 유명한 체코 프라하를 가는 버스 안, 기차였던가? 가물가물한데 유럽은 정말 이웃 나라로 이동할 때 길 주변의 풍경이 말 못 할 정도로 끝내줘 보통 버스를 타면 졸려 자는데 바깥 풍경을 보느라 절대 잘 수가 없다.
한국에서 주로 찍는 사진 주제가 하늘이라 하늘 사진을 많이 찍었다. 출장 다니느라 비행기를 많이 타게 되고 하늘에서 내려다보는 풍경은 훨씬 더 일품이어서 비행기에서 찍는 하늘 사진도 많다. 땅에서 보는 느낌과 하늘에서 보는 느낌은 전혀 다른 새로운 느낌이다. 언제 프라하에 도착할까. 기대 만땅이다.

프라하에 도착해 예매해 놓은 숙소에 가서 짐을 풀자마자 바로 프라하 구시가지로 향했다. 체코 공화국 프라하에는 아주 유명한 시계가 있다. Prague Astronomical Clock, 그곳 탑 꼭대기로 올라가면 프라하 구시가지가 한눈에 들어오고 빼곡하게 들어선 빨간 지붕 건물들, 파란색 첨탑 봉우리가 선명하게 와 닿는다.
시계가 있는 구청사의 탑 꼭대기로 엘리베이터를 타고 올라가는데, 물론 입장료가 있어서 표도 구매해야 하는데 이곳도 할머니가 매표소에서 표를 판다. 동유럽 대부분의 나라가 매표소에는 다 어르신이 있었다.

프라하는 매혹적이다. 찬란한 역사 유적의 화려함을 뽐내는 듯. 프라하 천문시계는 구 시청사 벽에 걸려있다. 1410년 시계공 미쿨라시와 뒷날 카를 대학의 수학교수 얀 신델이 공동으로 제작했는데 1490년 달력이 추가로 제작됐고 외관이 조각으로 장식되었다. 1552년 시계 장인 얀 타보르스키가 시계를 수리하면서 원래 제작자 하누시가 더 이상 똑같은 시계를 제작 못 하도록 눈을 멀게 만들었고, 그가 죽으면서 시계 또한 작동이 멈춰버렸다는 전설이 있는데 사실이 아니란다.

천문시계는 프라하의 명물로 손꼽혀 많은 여행자가 보려고 몰려든다. 고풍스러운 모습에다 엄청난 기술이 들어가 있어 500년 전 이런 걸 만들었다는 건 프라하 사람들에게는 축복이다.

새로운 것을 마주하는 행운

빈 버스터미널(Bus terminal Wien Stadion)에 내려서 예약해 놓은 숙소로 구글맵 내비게이션을 켜고 걸어가다가 뜻하지 않게 만나 공원 Arenawiese Park 나무들이 너무나 예쁘고 아름다워서 발길을 세웠다. 짙은 녹음의 나무들이 녹색 잔디 위에 서 있는 풍경은 고요함 속에서 빛났다. 빈에서의 첫 장소를 이 공원으로 맞이했고, 오스트리아 빈에서 가장 유명한 훈데트르바서 하우스를 보러 갔다.

1986년에 오스트리아 빈에 만들어진 훈테르트바서는 조각가이면서 화가 프리덴슈라히 훈데르트바서가 만든 건축물이다. 이곳뿐만 아니라 소작로, 열차 정류장, 병원, 주택 교회 등 다양한 건축 디자인을 작업했고, 화가에서 건축가로 변신했다. [죽기 전에 꼭 봐야 할 세계 건축 1001] 마크 외빈 저에서 참조.

훈데르트바서 하우스는 빈에서 여행자들이 가장 많이 찾는 곳이다. 평범했던 건물만 보다가 훈데르트바서 하우스를 보고 있으니 가지각색으로 꾸며놓은 창문도 아름답고, 적당할 정도로 꽃을 설치하고 창문 위에 독특한 포인트를 준 것도 너무나 인상적이다. 이렇게 화사한, 예쁜 건물을 볼 수 있어서 즐겁고 기쁘다. 음악으로 유명한 나라 오스트리아에서 새로운 걸 발견한 건 행운이다. 늘 하는 얘기지만, 여행에서 새로운 것들과 마주하며 많은 생각을 할 수 있다는 게 참 좋다.

훈데르트바서 하우스 맞은편 건물도 독특한 디자인으로 되어 있는데 그 안으로 들어가면 여자들이 반할만한 액세서리들로 가득 차 있는 게 눈길을 끈다. 맘에 드는 거 몇 개 사고 싶었지만, 물가가 너무 비싸 부담스럽기도 했고, 무엇보다 장기 여행을 하다 보니 짐이 계속 늘어나 꽉 찬 배낭에 공간도 없었다.
지금까지 맘에 드는 걸 봐도 짐이 늘어나서 살 수가 없었는데 그게 여행하면서 제일 아쉬운 부분이다. 앞뒤로 배낭을 메고 다니는데 다른 여행자들도 나와 같은 상황일 거다.

빈 세인트 스테판 성당

비싼 물가를 자랑하는 오스트리아는 입장료도 비싼 편이다. 성당 탑 꼭대기로 올라가서 한 바퀴 돌면서 보면 빈 시내를 다 볼 수 있는데 카메라로는 다 찍을 수 없어 한쪽만 촬영했다. 유럽의 다른 나라보다 건축양식이 더 세련된 듯하고 빨간 지붕만 있는 게 아니라 연한 녹색, 회색 지붕 건물도 보인다.

왼쪽 아래에 성당 지붕이 보이는데 세인트 스테판 성당 지붕 디자인은 뛰어나게 아름답고 재료가 무언지는 알 수 없지만, 동그란 물체를 색깔별로 다닥다닥 붙여 무늬를 만들었다.

유럽 여행을 하면서 느끼는 건 건물도, 다리도, 집도 예술 작품이라는 게 부럽다. 수많은 건물 중에 똑같은 모양이 하나도 없는 유럽 나라들의 건물과 똑같은 회색빛으로 우뚝 서 있는 우리나라 도심의 건물과는 너무나 큰 차이가 있다. 유럽 사람들의 얼굴에서 여유로움과 평화가 느껴지는 게 사는 곳의 환경이 그곳 사람들의 정서를 여유롭고 평화롭게 만들어 주는 거다.

세계여행을 마치고 공항에서 내려 지하철을 타고 서울로 들어오는데 지하철에 앉아 있는 사람들이 마네킹 같아 보였다. 무표정으로 움직이지 않고 가만히 앉아있고 서 있는 모습에서, 이건 나만 그런 게 아니라 장기 여행하고 들어 온 사람들이 다 공감하는 생각이다.

여행 끝나고 와서 후유증으로 1년 넘게 공황 상태로 있었다. 모든 나라가 왜 내가 사는 곳하고 이렇게 다를까. 40년을 늘 바쁘게 살았다. 어릴 때부터 청년까지는 공부한다고 바빴고, 직장인 시절은 밤샘 작업하며 한 달 동안 집에 일주일도 못 들어가며 일했으니까. 나만 그런 게 아니다. 대부분이 일에 치여 살고 있지 않나. 여행하면서 바뀌어 간다. 모든 생각이 힘들게 벌어서 비싼 옷 입지 않고 좋은 차 안 사고 좋은 집 구하려고 하지 않을 거라고. 스트레스받지 않고 행복하게 사는 것, 그게 앞으로의 계획이다.

다시, 길 위에 서다

소박해서 예쁜 바르샤바 구시가지

폴란드 수도 바르샤바 구시가지는 생각보다 소박해서 예쁘다. 제1차 세계대전 때 시가지 쪽은 완파됐는데 다행히 구시가지는 무사했다는 이야기를 폴란드 친구 아다미코에게 들었다. 아다미코는 조지아에서 만나 친구가 된 여행자인데, 바르샤바에서 다시 만나 저녁 먹으며 조지아 여행 이야기를 한참 했다.

조지아에 머문 6개월 동안 알게 된 폴란드 친구는 10명이 넘고, 다들 친절하고 괜찮은 애들이라 조지아 시그나기 게스트하우스에서 생일을 축하한다며 와인과 코냑으로 정신을 잃게 했다. 아직도 그때의 친구들이 보고 싶고 생일파티가 눈에 선하다.

바르샤바는 신시가자와 구시가지가 있는데 구시가지는 다른 동유럽 나라들 보다는 다른 분위기의 건물들이 들어서 있고 좀 더 아담한 느낌이다. 지붕에 창문이 있어 그것도 매력적이고 골목을 다니다 보면 꽃이 참 많다. 건물도 가지각색의 화려한 색으로 물 들여놓아 눈이 시원하다. 이곳의 모든 것이 싱그럽다.

물가는 약간 싼 편인데 버스나 매트로는 우리 돈으로 1,400원 정도다. 바르샤바에서는 유독 케밥을 많이 먹었는데 크기 종류에 따라 가격이 다양하지만, 3,000원 정도면 괜찮은 걸 먹을 수 있다. 맥주 종류는 정말 셀 수 없이 많아서 고르는 데 애를 먹어야 하고, 800mL 한 병이 약 700원 정도라 매일 먹게 된다.

중세시대 수도 크라쿠프

크라쿠프는 바르샤바로 수도를 옮기기 전까지 폴란드 왕국의 수도였고, 폴란드 정치, 문화의 중심이 되는 도시로 2000년에 유럽 문화도시로 지정되었다. 다행히 2차대전의 타격을 덜 받아 옛 모습을 그대로 간직하고 있는데 구시가지의 중세 고성과 성당 풍경은 사람들이 붐비는 프라하나 빈, 부다페스트와는 다르게 좀 더 짙은 질감의 매력을 지니고 있다. 건물들의 형식이나 디자인도 크라쿠프만의 독특한 색깔이 배어있다.

크라쿠프에 도착해 제일 먼저 간 곳은 바벨 성이다. 숙소가 구시가지라서 걸어갈 수 있는 거리였다. 비스와 강 변 언덕에 있고 16세기에 완성된 왕궁으로 성곽도 있다. 폴란드 국왕들의 거처로 사용됐고, 유럽 전역에서 데려온 예술가들과 건축가들을 고용해 르네상스 스타일로 건축했다.

크라쿠프에서 빼놓을 수 없는 야기엘론스키 대학교는 지동설로 유명한 코페르니쿠스와 교황 요한 바오로 2세가 다닌 학교로 여행자가 많이 찾는다. 같은 폴란드 도시인데 중세시대 중요한 역할을 했던 곳이라 바르샤바와는 또 다른 느낌을 풍기는 도시다.
훌륭한 유적들이 많아 깊고 중요한 이야기로 가득한 도시 크라쿠프. 바르샤바보다 성당 건물이 많이 보이고 안으로 들어가면 화려한 코스프레로 가득하다. 건물과 이름 모를 나무와 꽃이 조화롭게 펼쳐져 있다.

크라쿠프에서는 숙소에서 음식을 만들어 먹으며 지냈는데 같은 방에 묵었던 스위스에서 온 카린은 마치 요리사인가 싶을 정도로 요리를 무척 잘했다. 같이 먹으려고 많이 만들었다면서 밥을 같이 먹으며 이런저런 얘기를 나눴다. 나이는 나보다 훨씬 어리지만, 나를 20대로 봐줘서 얼마나 고맙던지 친구가 돼서 지금도 페이스북으로 연락하며 지내는데 요즘 군에 입대해서 군대 생활 사진을 올리고 있다.

참혹한 기억, 아우슈비츠

독일 나치에 의해 유대인 말살정책이 참혹하게 진행된 아우슈비츠 대학살. 영국 BBC에서 만든 다큐멘터리 6부작 아우슈비츠를 아주 오래전에 보게 됐는데 재연 연출과 그때 당시의 화면 자료를 적절하게 편집해 제작한 훌륭한 구성 다큐멘터리다. 보다가 너무나 뭉클해서 눈물을 흘리며 본 작품이다.

폴란드 여행을 하면 꼭 찾아가려고 했던 곳이다. 크라쿠프에서 아우슈비츠 박물관으로 가는 버스로 도착했다. 수많은 전시관을 둘러보며 참혹했을 그때가 떠올랐고 모든 전시품은 슬픔이 배어있었다. 화장터에서는 큰 충격을 받았고 이곳에서 안타깝게 죽어갔을 수용자들이 그려졌다. 이 다큐멘터리에는 한 할머니의 충격적인 인터뷰가 있다.

“나치 군인들은 아이들 10명에게서 엄청난 양의 피를 매일 계속 뽑아갔어요. 아이들이 어떻게 변해 가는지 확인하기 위해서, 그 아이들은 다 죽고 말았어요.”

아우슈비츠 수용소에는 유럽 전역에서 기차를 이용해 유대인이 이곳으로 보내졌다. 이곳에서 죽어간 수용자들은 130만 명으로 추정된다. 독일은 지금 이런 잘못을 인정하고 역사책에도 기록하고 있으며, 아직도 나이 든 나치를 찾아내 극한 처벌을 내린다. 잘못에 대한 대가로 독일에서 공부하는 유학생들의 학비까지 무료다. 우리와 비교해 보면 일본은 그렇지 못하다. 아직도 일본에서 벗어나지 못한 우리의 모습을 보면 매우 안타깝다.

리투아니아 빌리어스(Vilnius) 가는 길

바르샤바에서 리투아니아 수도 빌리어스 까지는 459km, 밤 10시에 탄 버스는 무려 12시간을 달려서야 도착했다. 우리나라 같으면 5시간 정도면 가지만, 동유럽의 거의 모든 도로가 2차선이고 시속 50km로 달리는 데다 마치 시내버스처럼 정류장마다 정차하기 때문이다. 터키에서부터 동유럽을 거쳐 이곳까지 오는 길은 모두 2차선이었다.

버스가 없어 유레일을 타야 할 때만 빼고는 모두 버스로 국경을 넘었다. 유럽여행이 좋은 건 첫 나라 들어갈 때만 여권을 확인하고 그다음 나라부터는 검사가 없어서 버스나 기차로 다른 나라로 갈 때 자고 있어도 된다. 유럽여행의 매력이기도 한데 불가리아에서부터 이곳까지 그냥 통과해서 왔다.

우리나라는 북한과 단절돼서 육로이동으로 여행할 수 없지만, 버스를 타고 혹은 걸어서 다른 나라로 간다는 걸 해보지 않은 사람은 느낌을 알 수 없다. 불가리아에서부터 다른 나라를 가는 게 아니라 옆 동네 가는 것 같았다.

폴란드 리투아니아 국경을 넘어 시작되는 마을 풍경, 하늘의 구름은 누가 그려놓은 듯하고 나무로 된 집도 아담하고 예쁘다. 점심때가 되어 숙소에 도착했다. 기대가 많이 된다.

독특한 풍경의 빌리어스

발트해를 끼고 있는 발트 삼국 중 가장 아래에 있는 리투아니아 수도 빌리어스
다. 빌리어스는 동유럽의 다른 도시보다 풍경이 다른 느낌이다. 폴란드도 다른
곳과 약간 다른 풍경인데, 이곳도 발트지역이라 고유한 특색이 있다.

빌리어스 전경을 보러 숙소에서 조금 떨어진 게디미나스 탑(Gediminas
Tower)으로 가서 탑 옥상으로 올라가면 빌리어스의 구시가자와 신시가지가
한눈에 들어온다. 옥상으로 오르다 보면 층마다 오래전의 유물이 다양하게 전
시되어 있다. 유물을 하나하나 살펴보는데 전쟁 때 사용한 것으로 보이는 철갑
옷도 독특하게 생겼고 처음 보는 거라 신기하다.

옥상에 올라와 보는 빌리어스 구시가지 풍경은 빨간 지붕의 서로다는 형태의
건물들이 오밀조밀 붙어 있고 웅장하다기보다는 소소하고 아담한 느낌이다.
다른 도시와 다른 점은 구시가지에 유독 성당이 많았고, 건물의 형태나 디자인
이 지금까지 봐 왔던 건물들하고는 다른 면이 있어서 발트해 나라만의 매력이
넘친다.

성당 건물이 무척 큰 데다 길이 좁아 성당 앞에서 망원렌즈로 사진을 찍으면
반의반도 안 나와 아주 먼 곳에서 지붕밖에 찍을 수 없어 아쉬움이 남는다.

조지아를 여행할 때 카즈베기 숙소에서 리투아니아 여행자들과 같은 방에서
묵었는데 참 선하고 착하다. 같이 맥주를 마시면서 노래를 부르며 놀기도 했고
조지아에서 우의를 구하지 못했다고 했더니 입고 있던 우의를 내게 벗어주기
도 했었다. 연락처를 받았으면 이곳에서 연락해 다시 만날 수 있었는데 이곳을
여행할지 모를 때라 연락처를 안 받은 게 아쉽다.

라트비아 수도 리가(Riga)

리가에 도착해서 가장 먼저 찾은 곳은 시장이다. 그곳 사람들이 어떻게 사는지 볼 수 있는 가장 좋은 방법이다. 시장에 가 이곳에서 뭘 파는지와 장 보는 사람들을 보는 것도 즐거운 여행이다. 중학생 때 혼자 밤 기차 타고 부산 새벽의 자갈치 시장의 활기찬 시장 사람들의 모습을 보고 많은 걸 느꼈다. 시장에서 가장 흥미로운 건 사는 사람과 파는 사람의 교묘한 가격 흥정이다.

유럽 어느 도시를 가든 구시가지가 있다. 숙소에서 아침 먹고 가장 높은 곳을 찾아가 리가의 경치를 살펴봐야 해서 구시가지로 갔는데 그곳에는 세인트 피터 성당(St. Peter's Church)이 있다. 성당의 첨탑은 하늘과 맞닿아 있을 정도로 높게 솟아 있어 리가 시내를 한눈에 볼 수 있는데 입장료 내고 첨탑으로 올라가 전망대에서 본 풍경은 무척 싱그러웠다.

건물을 안고 있는 듯 둘러싼 나무숲도 평화로워 보인다. 바다보다 더 푸른 다우가바 강(Daugava River)을 두고 구시가지와 신시가지로 나뉘어 있는데 중세와 세련된 모습의 현재가 마주 보고 있는 모습이 조화롭다. 리가의 구시가지 건물들은 다른 도시의 건물과 다른 느낌으로 다가오는데 그들만의 성향이 건물에 배어있는 것 같다. 높은 곳에서 보는 풍경들은 언제나 마음에 꼭 드는 풍경이다. 길에서 보는 건물들의 풍경과는 다른 맛이 있다.

리가에서 여행자들이 가장 많이 찾는 곳은 리가의 랜드마크로 불리는 검은 머리 전당(House of Blackhead)이다. 리가 구시가지 베츠리가 타운홀 스퀘어 근처에 있고 1334년에 건립됐다. 삼각형으로 된 지붕이 있는 건물 두 개가 나란히 있다. 역사는 늘 그렇듯이 제2차 세계대전 때 파괴되었고, 라트비아를 점령한 소련이 완전히 파괴했다. 그 후 다시 복구를 시작해 원래 모습을 찾았다는 슬픈 이야기가 있는 곳이다.

다시, 길 위에 서다

여행의 참맛, 리가 승리공원(Uzvaras Park)

다른 여행자들은 모르는 눈부시도록 아름다운 공원을 알아냈다. 역시 가이드북에서 안 나오는 곳을 찾아주는 구글맵에 이곳이 소개되어 있다.

언제나 여행지에서 필요한 건 가이드북이 아니라 구글맵 앱과 트립어드바이저 앱이다. 도착하자마자 눈이 휘둥그레졌고 녹색으로 가득 물든 한 폭의 그림을 만났다.

나무의 이름은 알 수 없지만, 조그만 호숫가 옆으로 펼쳐진 나무들은 너무나 예쁘고 나무들이 물에 비친 모습과 어울려 환상적인 분위기를 자아낸다.

이곳에 있으니 마음이 편해지는 것 같고 머리도 맑아지는 기분이고 공기마저도 무척 상쾌해서 몸이 가뿐해지는 느낌이다.

여행의 참맛은 다른 여행자들이 모르고 지나치는 곳을 찾아내는 일. 공원이 너무나 예뻐서 한국에 어떻게 소개되었나 궁금해 네이버와 다음에서 리가 승리공원을 검색하면 어떤 정보도 나오지 않는다. 내가 찾아다니는 여행지는 아무도 모르는 곳이다. 묘한 전율이 있다.

에스토니아 탈린 국립도서관(National Library of Estonia)

발트삼국은 국내에서는 잘 모르는 곳이다. 친한 사람에게 얘기해도 거기가 어디에 있는 거냐고 되물어본다. 한국 사람들의 발길이 거의 없는 나라다. 나흘 동안 머물면서 한국 사람과 마주친 적이 한 번도 없을 정도로 아직 알려지지 않은 곳이지만 너무나 사랑스러워서 이곳은 죽기 전에 꼭 여행해야 할 나라다.

도서관에 도착해 인포메이션 데스크에서 내부를 촬영해도 되냐고 물어보니 여행자에 한해서 가능하다는 이야기를 해줬다. 사진을 찍을 수 있어 너무 좋았다. 도서관 내부로 들어가자마자 무척 아름다운 인테리어에 놀라 자빠질 뻔했다. 눈이 부실 정도로 잘 만들어진 인테리어 작품이다.

여행자에게는 입장료가 무료인 것도 맘에 꼭 들었고 이층 내부에서 바라보는 일층 로비는 예술작품 그 이상이었다. 서재는 우리나라처럼 빡빡하게 늘어선 것이 아니라 공간감을 충분히 줘서 무척 여유로운 느낌을 받았다. 그뿐만 아니라 마치 미술관으로 착각할 정도의 훌륭한 작품들이 전시된 것도 정말 좋았다. 예상했던 대로 에스토니아는 사랑스러운 도시였고 이렇게 훌륭한 도서관이 있다는 걸 알게 되어 다 돌아보며 감동에 빠졌다.

짙은 푸른색 하늘과 하얀 구름, 탈린

탈린 구시가지에는 오래전에 지어진 집과
건물들, 성당까지 고스란히 제자리를 지키
고 있다. 그래서 그곳들이 더 값진 것 같다.
한없이 푸르기만 한 하늘빛과 빨간 지붕들
이 절묘하게 어우러졌고 숲으로 된 공원의
녹색과 회색 지붕도 푸른 바다의 조화는 매
력적이다.

언제 어디서나 항상 오르는 성당 첨탑, 탈
린에서도 입장료 내고 전망대로 오른다.
수많은 계단을 올라가는 게 힘들지만, 올
라가서 도착한 전망대에서 보는 풍경은 정
말 일품이다. 첨탑을 올라간 날 날씨가 좋
지 않아 색이 잘 표현되지 않아 아쉬웠지
만, 그래도 구시가지와 신시가지가 만나 있
는 풍경은 맘에 들었다.

다음날 걸어 다니면서 보는 풍경은 정말 사
랑스러울 정도로 아름다웠고, 하늘은 한없
이 짙은 푸른색 바탕이었고, 누군가 붓으로
그려놓은 듯한 하얀 구름은 예술이었다.

에스토니아 역사박물관(Estonia Open air Museum)

여행 많이 다니는 친한 동생도 탈린은 여행했는데 이곳은 알지 못했다. 페이스북에 올린 국립 도서관 사진과 이곳 사진들을 보고 내게 이런 곳이 있냐고 물었다. 그 정도로 역사박물관과 도서관은 여행자들도 잘 모르는 곳이다. 오래전 에스토니아인들이 살던 가옥들을 그대로 보존해서 지금까지 역사박물관으로 유지하고 있다.

맑을 공기를 마시며 집들이 하나씩 눈에 들어오자 탄성을 내뱉었다. 오래전의 건물들이 고스란히 남아 그걸 직접 눈으로 보며 느낄 수 있다는 게 여행하면서 느끼는 행복이다. 책으로도 볼 수 없는 곳을 왔다는 게 한없이 기쁘다. 정말 맘에 드는 건, 집집이 어르신들이 한 분씩 머물면서 예전에 사용했던 소품들을 만들고 있었다. 작은 벌레가 너무 예뻐서 두 개를 샀다.

여행을 준비하고 있는 사람들에게 도움되는 정보를 알려준다면 여행에서 가이드북은 절대 필요 없다는 거다. 가장 큰 이유는 에스토니아는 여행 책이 있지도 않지만, 인도나 다른 나라 모든 가이드북이 잘못된 정보가 많다. 가이드북 들고 어디로 어떻게 가야 하는지 몰라 헤매는 여행자들을 너무 많이 본다. 구글맵에서 그 나라와 도시를 검색하면 가 볼만한 곳이 나오고 트립어드바이저에서 도시 검색을 하면 여행자들에게 가장 선호 받는 여행지가 많이 방문한 순서대로 리스트가 나온다. 여행지에 가기 전날 구글맵 앱과 트립어드바이저 앱에서 여행지를 찾아 구글맵 앱에 체크하면 지도에 별표가 생긴다.

우리나라에서만 유일하게 구글맵 내비게이션 기능을 못 쓰게 막아놨는데 모든 나라에서 구글맵 내비게이션을 사용할 수 있어 구글맵에 별표 체크해놓은 곳, 이를테면 세인트 성당을 체크했다면 그곳으로 가는 길이 안내된다. 지도와 나침반으로 여행하는 건 무모한 짓이다.

모스크바

에스토니아 여행을 마치고 탈린에서 비행기로 한국으로 돌아가려다 한국으로 들어가는 과정도 여행의 하나라고 생각해 모스크바로 가서 시베리아 횡단 열차를 타고 들어가기로 했다.
탈린버스잼이라는 터미널에서 저녁 버스를 타고 모스크바까지는 1,035km인데 그 먼 거리를 의자에 앉아 가는 일은 한없이 지루하고 허리가 아파 힘들어도 시베리아 횡단 열차를 탈 수 있다는 설렘에 참을 수가 있었다.

러시아 국경에 도착해 엄청난 시간을 소비했다. 한국인은 러시아를 비자 없이 들어간다는 정보를 입출국 사무소 직원이 모르고 있어서 러시아어로 된 한국인 무비자 입국에 대한 문서를 보여주니 그제야 나를 보내줬다. 그렇게 15시간을 불편한 버스에 앉아 간신히 모스크바에 도착했다.

모스크바에서 5일을 머무는 동안 예전에 왔던 붉은 광장을 찾아가 보고 러시아의 유명한 예술가들이 살던 아르바트 거리도 다시 가봤다. 전에 왔을 때 맛있는 맥주집에서 매일 마시던 기억이 나 그곳을 찾았는데 도무지 어디에 있는지 알 수가 없었다.
숙소 근처 패스트푸드점과 슈퍼마켓을 가면 그곳에서 일하는 아르바이트생들 얼굴이 한국인이다. 러시아로 강제 이송된 사람들의 손자, 손녀들이 일자리를 찾아 이곳에서 일하는 모습에 좀 뭉클했다.

숙소에 머물며 시베리아 횡단 열차 예매를 인터넷에서 했는데 출발 이틀 전까지 오지 않아 불안해서 전화했지만, 전화를 받지 않았고 미국 본사에 전화했더니 모스크바 사무실에서 전담한다는 말만 계속해됐다. 걱정되어 숙소 스태프에게 부탁했는데 이곳저곳 전화를 해보더니 내가 예약한 곳이 정말 안 좋은 곳이라고 한다. 스태프가 담당 회사 전화를 찾아내 화를 내며 요구해서 간신히 받았다.

다시, 길 위에 서다

시베리아 횡단 야간열차를 기다린다. 내 여행이 끝나는 걸 슬퍼하는지 비도 구슬프게 내리고 오랜 시간 다른 세상에 머물던 것과 안녕을 고하는 게 서글퍼 맥주 한 병을 사 마음을 달랬다. 여행의 마지막으로 선택한 시베리아 횡단 열차는 모스크바역에서 9,031km를 7일 동안 달려 블라디보스토크에 도착하는 여정이다. 여행에서 쉽게 담지 못할 소중한 것들을 가슴에 가득 담고 열차에 오른다. 밤새 덜컥거리며 달려가는 기차 이층 침대에 쪼그려 누워 잠을 자고 이른 아침에 일어나 창밖을 보니 세상 전체가 노랗게 물든 단풍으로 한 폭의 그림이다.

매일 바뀌는 다른 풍경을 맞이하는 것도 시베리아 횡단 열차의 매력이다. 내가 타고 있는 기차 칸에는 삼손이라는 잘생긴 아이가 같이 타고 있었는데 이렇게 잘생긴 아이는 처음이다. 엄마 얼굴에서 한국인의 피가 흐른다는 느낌을 받았고 러시아로 이주한 한국인의 2세대쯤 돼 보였다. 삼촌이 엄마 휴대폰으로 게임을 자주 하는 데다 어른들이 하는 사격게임을 하길래 엄마에게 이 게임 하면 안 된다고 말했더니 어린이 게임으로 바꿨다. 대화가 정확하게 전달되는 것은 아니지만, 손짓과 아주 간단한 영어 단어로 어느 정도 의사소통은 할 수 있어 근처 좌석 사람과도 이야기하고는 했다.

기차에 탄 사람들은 대부분 트렁크에 음식을 가득 채워 왔는데 고작 3일 정도 먹을 만큼만 챙겨와서 다음부터는 간이역에 내려 할머니들이 파는 음식을 먹었는데 먹을 때마다 배탈이 났다. 아마도 당일 만든 게 아닌 것 같다는 생각이다. 안 팔리니까 며칠 지난 것도 파는가 보다. 하루는 늦은 저녁 화장실을 갔다 오는데 기차 칸 끄트머리에 탄 사람이 나를 불러 자리에 앉히더니 가족들끼리 먹던 치킨 바비큐와 독한 코냑을 계속 먹여줬다.

시베리아 횡단 열차는 뜻밖에 많은 사람과 어울릴 수 있어서 좋았고, 배탈 나는 음식만 먹다가 맛있는 치킨 바비큐를 먹게 해 준 우크라이나 친구를 알게 된 것도 행운이다. 다른 여행자들은 돈을 뺏기거나 흉악한 일을 겪기도 하는 글을 봤는데 내 곁에는 좋은 사람들만 있었다. 하늘에 있는 엄마의 가호가 있어서일 거다.

시베리아 횡단 열차가 블라디보스토크역에 도착하면, 예전의 내가 아니라, 완전히 다시 태어난 내가 기차에서 내릴 것이다. 귀국하면 현실 세상에 잘 적응할 수 있으려나.

다시, 길 위에 서다

펴낸날   초판1쇄 인쇄 2017년 02월 17일

초판1쇄 발행 2017년 03월 01일

지은이   황장수

펴낸이   최병윤

펴낸곳   알비

출판등록   2013년 7월 24일 제315-2013-000042호

주소   서울시 마포구 동교로 18길 33, 202호

전화   02-334-4045

팩스   02-334-4046

이메일   sbdori@naver.com

종이   일문지업

인쇄.제본   알래스카 인디고

ISBN   979-11-86173-36-7 13980

가격   13,500원